KB006592

IT 전문가 가족의

사이버 중독 탈출기

IT 전문가 가족의

사이버 중독 탈출기

지은이_이재용
펴낸곳_도서출판 CUP
초판1쇄_2011년 4월 25일

등록번호_제22-1904호
펴낸곳_도서출판 CUP (140-909) 서울특별시 용산구 이촌2동 212-4 한강르네상스빌 A동 102호
T.(02)745-7231 F.(02)745-7239 | www.worldview.or.kr | cup21th@paran.com
총판_DM출판유통 T.(02)3489-4300

· 잘못된 책은 언제든지 교환해 드립니다.
· 독자의 의견을 기다립니다.

값 12,000원
ISBN 978-89-88042-52-6 03590
Prined in Korea

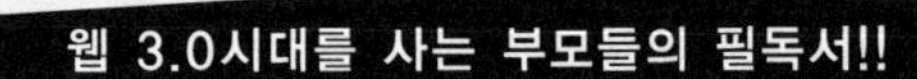

IT 전문가 가족의

사이버중독 탈출기

이재용 지음

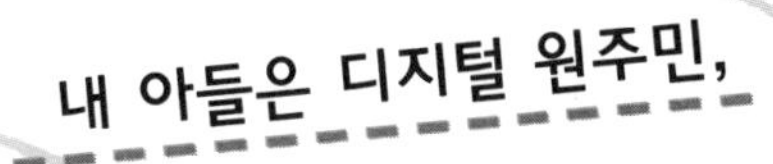

나는 디지털 이주민!!

CUP

추천사

사이버 중독에 대한 바른 통찰과 해법!

요즘 아이들은 기성세대가 살던 시대와는 본질적으로 다른 세계에 살고 있다. 현실 세계와 가상 세계가 공존하고 서로 상호작용하면서 그 경계가 모호한 세계 말이다.

이 책은 가상 세계의 물리적, 심리적 속성을 상세히 설명하면서도 현실 세계와의 조화를 강조하고 있다. 그리고 요즘 만연한 사이버 스페이스 중독에 대한 바른 통찰과 해법을 제시하고 있다.

가상 세계가 현실로 빠르게 침투해 들어오는 세상에서 혼란을 겪고 있는 어른들과, 가상 세계에 빠진 아이들을 이해하고 도울 방법을 찾고 있는 많은 부모님들에게 이 책은 큰 도움이 될 것이다.

서현주_ 소아정신과 전문의, 마인드케어의원 원장

정보의 바다에서 안전하게 인터넷을 즐길 수 있는 등대의 역할!

20여 년 남짓 정보통신업에 종사하면서 수많은 관련 서적을 접해 왔다. 하지만 대부분 너무 전문적인 도서라 새로운 책이 출간될 때마다 읽기도 전에 또 하나의 숙제거리를 안은 듯 부담감을 떨치기 어려웠다. 그런데 다소 위압감을 주는 여타의 정보통신기술 서적과 달리 이 책은 처음 접할 때부터 약간의 미소까지 짓게 만들었고 가을날의 공원을 산책하듯 즐겁게 읽을 것 같다는 생각을 하게 했다.

하지만 한 페이지 한 페이지 읽으면서 깨닫게 된 것은 참으로 중요한 주제를 시의적절하게 다루었으며 그 내용이 절대 가볍지 않다는 것이다. 저자가 이야기하고자 하는 주제는 그 동안 인터넷을 사용하면서 가끔, 아니 매우 자주 느끼면서도 그 심각성을 깨닫지 못했던 부분이었다. 또한 사이버 중독에 대한 실천 가능한 대안을 제시하고자 하는 저자의 노력이 느껴지면서 결코 가벼운 책이 아님을 실감했다.

저자는 다정한 부자 간의 대화나 가족 이야기를 통하여 자칫 딱딱할 수 있는 정보통신의 기술적인 내용을 가급적 쉽게 풀어내기도 하고, 개설서 이상의 전문적인 탁견을 거침없이 개진하기도 한다. 그러므로 이 책의 독자층이 처음 정보통신을 접하는 초보자는 물론 이미 상당한 수준에 이른 전문가를 모두 아우르고 있다고 생각한다.

부디 이 책이 널리 읽혀 많은 이들이 정보의 바다에서 길을 잃지 않고 안전하게 인터넷을 즐길 수 있는 등대의 역할을 다하기를 기원해 본다. 컴퓨터나 인터넷 없이는 하루도 견딜 수 없는 현대인이라면, 누구나 이 책의 독자가 될 수 있으리라.

조현제 _ 전 체크포인트 코리아(주) 대표이사

아이들의 인터넷 사용에 대해 고민하는 부모들의 필독서

본서는 인터넷 중독을 경험한 필자와 그 가족의 솔직한 고백이어서 더 큰 감동과 재미가 있다. 또한 본서에는 우리가 살아가는 인터넷 시대의 많은 정보들이 잘 익은 석류알처럼 꽉 차 있다. 나아가 인터넷의 유익과 중독, 그리고 이를 극복하기 위한 실제적인 지침을 제공하고 있어, 아이들의 인터넷 사용에 대해 고민하는 많은 부모들에게 실제적인 도움이 될 것이다.

그러므로 인터넷 중독의 경계를 넘나드는 10대나 20대는 물론, 자녀들의 인터넷 사용 때문에 골머리를 썩이는 부모들, 같은 한국어를 쓰면서도 젊은 사람들과 소통이 안 된다고 생각하는 모든 어른들에게 본서의 일독을 강추한다.

양승훈 _ 교수, VIEW(밴쿠버기독교세계관대학원) 원장

사이버 세계에서도 그리스도인으로 살아내야 한다

세상 속에서 그리스도인답게 살아가는 것은 쉽지 않다. 그리스도인답게 살아내기 위해서는 수고가 필요하다. 사도 베드로는 세상 속에서 그리스도인답게 살려면 '마음의 허리를 동이라'고 권면한다 벧전 1:13. 그리스도인답게 살아내기 위해서는 새로운 심적 태도가 필요하다.

사이버 세계 역시 예외가 아니다. 사이버 세계와 일상 세계 사이의 경계가 사라져 버린 지금의 상황에서 우리의 삶이 반쪽으로 제한되지 않기 위해서는, 일상 세계에서 요구되는 제자도의 원리가 사이버 세계에서도 적용되어야 한다.

그런데 사이버 세계는 일상 세계와는 다르다. 일상 세계와의 경계가 모호해진 사이버 세계 속에서 그리스도인다운 삶을 살기 위한 특별한 수고가 필요하다. 이재용 선생의 이 책이 우리의 특별한 수고에 큰 도움을 주리라 확신한다.

이 책이 다루는 주제는 일상 세계 깊숙이 자리 잡고 있는 사이버 세계이다. 엄밀히 이야기하면 일상 세계와 사이버 세계에 대한 총체적인 제자도를 다루고 있다. 특정 영역을 제외하거나 특정 영역에 제한된 제자도가 아니라 우리 삶 전체를 대상으로 한 제자도를 경쾌한 일상 언어로 풀어내고 있다. 경쾌하다고 해서 가볍게 생각해서는 안 된다. 삶의 여정을 통해 쌓아온 저자의 풍부한 경험과 지식이 있었기에 이 책이 세상에 나올 수 있었다.

일상 세계든 사이버 세계든 그리스도인이라면 그리스도인답게 생각하고 그리스도인답게 행동해야 한다. 우리에게는 일상을 돌아보고 반성하는 기술이 절대적으로 필요하다. 반성 없이 흘러가다가는 원하지 않는 곳에서 자신의 모습을 발견하게 될 것이다. 아직은 익숙하지 않은 낯선 세계인 사이버 세계에서 우리는 말 그대로 방황을 할 수도 있다.

독서가 항상 즐겁기를 기대하지만 그렇지 않은 경우도 많다. 좁은 자기 경험에 갇힌 책에서는 답답함을 느끼고, 일상 세계와 큰 간격을 가진 책에서는 허무함을 느낀다. 현실 세계의 삶을 제대로 담아내지 못하는 글에서 즐거움을 얻는 것은 쉽지 않다. 그런데 오랜만에 읽는 즐거움을 제대로 경험할 수 있는 책을 만났다. 이 책을 만나는 모든 독자들이 읽는 즐거움과 함께 일상을 반성하는 기회를 얻을 것이라 확신한다.

우리 삶의 모든 영역에서 하나님의 주권이 온전히 인정되는 총체적인 제자도가 실천되기를 기대한다.

김건주_ 문화평론가, 전 국제제자훈련원 출판 디렉터, 목사

차례 • contents •

My son is a Digital Native,
I'm a Digital Immigrant!!

6장_ 사이버 스페이스를 꿈꾸다

예견된 사이버 스페이스

7장_ 현실에 파고든 사이버 스페이스의 모습

일상 속의 사이버 스페이스, 시뮬라크라

3부 중독을 이기고 누리는 삶으로!

8장_ 깨닫는 순간, 치유가 시작된다

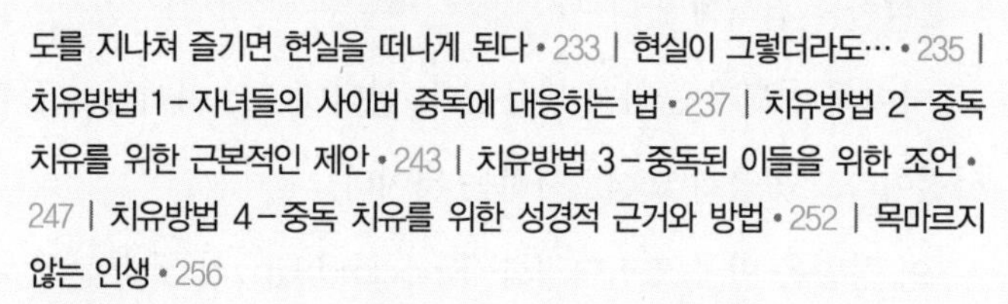

가정에서 시작하는 부모들의 대처방안

9장_ 모든 것은 나로부터 시작된다

치유를 경험하라

서문 ● prologue ●

사이버 스페이스, 중독을 이기고 즐기라

차 뒷좌석에서 이야기를 나누던 두 아이 중 한 아이가 말한다.

"이모, 내가 며칠 전에 뭘 했는지 알아? 인터넷에서 '살인'을 검색해 봤어 I googled murder."

"살인을 검색해 봤다구? You googled murder?"

아이의 이모가 놀라서 되묻는다. 인터넷에서 아이들이 끔찍한 사진이라도 봤을까 노심초사하는 것이다.

이 장면은 미국 코미디영화 〈Knocked Up〉의 첫 부분에 나오는 내용이다. 여기서 인터넷을 검색해 봤다는 뜻으로 google이라는 단어가 쓰이는데, 사실 이 google이라는 용어는 미국의 유명한 인터넷 검색엔진의 이름이자 회사이름이기도 하다. 한국에서는 네이버 Naver 나 다음 Daum 과 같은 포털사이트가 비슷한 사업을 하고 있지만 구글 Google 은 이제 인터넷에서의 검색 서비스 영역을 뛰어넘어 TV와 전화 사업에까지 진출하고 있다.

그런데 영화에서 보듯이 비즈니스를 하는 회사의 이름이 영어의 search라는 단어를 밀어내고 인터넷을 검색한다는 뜻의 일반동사로 쓰였다. 이는 사이버 스페이스의 영향력이 현실의 언어 영역에까지 파고든 좋은 예다. 오늘날 사이버 스페이스의 파워는 그 세계에서만 머물지 않고 현실의 모든 영역에 깊이 침투하고 있으며 일상생활에 미치는 영향력 또한 점점 커져가고 있다.

이 책은 현실 세계와 함께 움직이는 사이버 스페이스에 대해, 그 근원과 영향력을 살펴보고, 현재 문제가 되고 있는 인터넷 중독과 그 치유에 대한 해결책을 생각해 보고자 쓰였다. 따라서 인터넷 비즈니스나 전자정부, 인터넷 교육, 학술망처럼 인터넷이 생긴 본래의 목적과 순기능에 대해서는 별도로 언급하지 않는다. 이 책에서 초점을 두는 것은 인터넷과 그 근간이 되는 네트워크 · 통신의 실체를 알아보고 인터넷 서비스에 과도하게 집착하는 인터넷 중독의 증상과 폐해를 진단함으로써, 어떻게 하면 올바른 사이버 스페이스의 삶과 현실 세계의 삶을 잘 조화할 수 있는가 하는 부분이다.

대부분의 상품과 서비스가 그러하듯이, 컴퓨터의 발달과 통신망의 확대에 따라 필연적으로 탄생한 인터넷은 사람들이 어떻게 사용하고 활용하느냐에 따라 순기능과 역기능의 갈림길에 선다. 수많은 순기능이 존재함에도 불구하고 역기능의 강도와 파급력은 개인적으로는 물론 사회적, 국가적으로도 엄청나다. 이 책은 이러한 현실 상황에 대한 올바른 관점을 갖고자 노력하였다.

책은 크게 3부로 나누었다. 먼저 1부에서는 현재 사회적으로 논란이 되고 있는 사이버 중독에 대해 깊이 살펴보았다. 필자 개인의 경험에서 비롯된 컴퓨터 · 인터넷 중독을 시작으로, 온라인 게임과 채팅, 소셜 네트워킹 및 대표적인 사이버 서비스와 관련된 중독들을 살펴본 후에 이러한 중독이 미치는 개인적 · 사회적 영향에 대해 구체적으로 알아보았다.

2부에서는 사이버 스페이스를 실제적으로 가능케 하는 현실의 컴퓨터 · 통신망 인프라와 인터넷 설계에 대해 구체적으로 보여 줌으로써 사이버 스페이스가 결코 가상의 세계가 아님을 증명하고자 하였다. 또한 문학작품이나 영화에서 예견되고 있는 사이버 스페이스와, 현실 속에 이미 구현된 테크놀로지를 연관지어 설명함으로써 오래 전부터 예측해온 사이버 스페이스라는 세계가 결코 먼 미래의 일이 아님을 알리고자 하였다. 또한 사람들이 이 사이버 스페이스에 왜 중독되는지 그 원인을 밝혀내려는 노력도 함께 했다.

3부에서는 그러면 과연 어떻게 해야 우리가 이 사이버 중독이라는 덫에 빠지지 않고 현실 속 사이버 스페이스를 지혜롭게 누릴 수 있는지 고민하였다. 이것은 굉장히 어렵고, 또한 명확한 결론을 내리기 쉽지 않은 작업임에 틀림없다. 그러나 현 세대가 이 화두를 끌어안고 해결점을 찾아야만 하는 것은, 그래야 다음 세대들이 인간의 존엄성을 상실하지 않고, 또한 그 정신세계를 흐트리지 않고 살아갈 수 있기 때문이라고 생각한다.

독자들이 더 효과적으로 이해할 수 있도록 각 장 마지막 부분에 <Check!>를 두어, 도움이 되는 개념들을 정리했다. 1부와 3부는 실용적인 측면에서 사이버 중독의 현실과 치유방법을 다루어, 자녀를 가진 부모들과 또한 사이버 중독에 관심 있는 모든 분들에게 아이디어를 제공하고자 노력하였고, 2부는 다소 사회학적, 신학적 접근법으로 사이버 스페이스를 분석하여 이에 대한 올바른 세계관을 갖고자 나름 노력하였다.

2010년 8월에 방문한 서울에서 나는 지하철역마다 설치된 대형 터치스크린을 보고 깊은 감명을 받았다. 톰 크루즈 주연의 〈마이너리티 리포트〉나 다른 SF영화에 나오는 것처럼 지하철역마다 설치된 커다란 LCD 터치 패널은 우리의 삶 속에 침투한 사이버 스페이스의 일면을 역동적으로 보여 주었다. 다른 나라가 아닌 한국에서 이런 생활을 경험할 수 있음에 놀랐고, 그만큼 사이버 스페이스의 삶이 구현된 모습에 걱정 아닌 걱정도 되었다. 그것은 나의 삶에서 연유한 걱정인지도 모른다.

여러 IT 회사를 거치면서 기업과 정부 인프라를 구축하는 가운데 나 자신도 모르는 사이에 사이버 스페이스에 몰입해 살았다. 늘 깨어나자마자 접하는 이메일과 보이스-웹Voice-Web 컨퍼런싱, MS-Word를 비롯한 오피스 툴 같은 업무를 위한 컴퓨터 사용뿐 아니라, 네트워크를 통해 누구보다도 빠르게 정보를 취합하고 운용해야 하는 업무특성과 개인적인 취향 때문에 사이버 스페이스는 나의 생활 대부분을 차지하였고 그 여파는 급기야 가족 모두에게 전파되었다. 그러므로 이 책은 나 개인과 우리 가족의 숨김없는 이야기이기도 하다.

처음 원고를 구상할 때는 inner space와 outer space, 그리고 cyber space로 나눈 3부작을 생각하였다. 그러나 너무 방대한 주제여서 우선 한 가지에 집중할 필요성을 권유받고 사이버 스페이스에 집중하였다. 이 책이 나오기까지 많은 조언을 아끼지 않으신 김건주 목사님과 김혜정 편집장님께 감사드린다.

또한 많은 참고서적 중에 손명신, 서정민 님의 논문들에서 특히 많은 아이디어를 얻었음을 밝히며, 그분들의 탁월한 인식에 감사드린다. 인간 의식과 현대 포스트모더니즘, 그리고 기계에 대한 그분들의 통찰력은 전문가 못지않은 것이었다. 또한 개리 스몰 박사와 지지 보건이 공저한 「아이브레인」에서도 많은 부분을 참고하였다. 그들의 탁월한 의학적 연구와 식견은 이 책의 주제에 막강한 지원이 되었다. 인터넷네트워크 세대의 산만함을 뇌의학적으로 풀이한 그들의 연구는 인터넷 중독에 대한 경각심을 더욱 갖게 할 것이다.

모든 책들의 서문에 당연하게 나오는 이야기지만, 이 책이 나오기까지 가족들의 도움이 컸다. 큰아들 유빈이는 아버지가 글을 쓰기 위해 컴퓨터 앞에 앉아 있는 것과 자신이 사이버 스페이스를 즐기는 것이 어떻게 다르냐고 투덜거리곤 했지만 결국 이해해 주었다. 함께 시간을 보낼 수 없었던 아버지를 참고 인내해 준 아내와 둘째에게도 고마움을 전하고 싶다. 그러나 그 누구보다도 책을 쓰도록 인도하시고 모든 일 가운데 함께하신 하나님께 모든 감사와 영광을 드린다.

아무쪼록 이 책이 많은 사람들에게 사이버 스페이스에 대한 새로운 인식과 세계관을 심어 주어 주위에 만연한 사이버 중독을 치유하는 데 조금이나마 도움이 되기를 바라는 마음 간절하다. 그리고 이미 현실 세계와 함께하는 사이버 스페이스와의 올바른 공존을 모색하는 길잡이가 될 수 있기를 깊이 소망한다.

"미래는 현재에도 있다. 단지 널리 알려지지 않았을 뿐이다."

The future is here. It's just not widely distributed yet.

윌리엄 깁슨 William Gibson

책은 현실세계와
근원과 영향력을
중독과 그 치유에
따라서 인터넷
인터넷이 생긴
언급하지 않는다. 이
근간이 되는
스에 과도하게
세계의 삶을
상품과 서비스가
데에 따라
활용하는
수많은
파급력은
다. 이 책은
노력하였다.
http://www

1부

깨달았을 때는 이미 사이버 중독이었다

매일 일한다고 일상적으로 사용하던 컴퓨터와 인터넷!
나도 모르는 사이 중독 증세로 이어졌고,
그 심각성을 인지하지 못한 채
가족들에게까지 전이시키고 말았다.
이미 우리 삶에 일상화된 인터넷,
중독 수준은 아닌지 꼭 체크해 보자!

IT 전문가 가족의 **사이버 중독 탈출기**

1장

디지털 원주민[1]이 사는 집

우리 아이는 디지털 세대

아들 감시하기

아 …, 어느새 밤 10시가 지나버렸다.

혼자 지하 서재에 앉아 모니터에 집중하다 보면 시간 감각이 없어지곤 한다. 밖에서 해가 뜨는지 지는지도 모른다. 시간도 모니터 하단 우측의 시계를 의도적으로 봐야지만 알 수 있다.

아이들이 각자 제 방으로 올라간 지는 꽤 오래된 것 같고, 웬일인지 1층에 있을 아내의 인기척도 없다.

"모두 자나?"

자료를 검색하던 구글Google 창을 닫고 MSN 메신저를 띄워 보았다. 음, 녀석이 보이지 않는다. MS Live 메신저를 띄워 놓은 채 네이트온을 열어 보았다. 오호~ 이곳에도 없다. 페이스북에 로그온해 살펴본다. 역시 없다. 그럼 마지막으로 싸이월드다. 이야!!!! 일촌 온에 녀석이 안 보인다. 녀석 착하구먼 …. 난 속으로 흐뭇해 하며 각각의 창을 닫아 모니터 아래쪽에 작은 프로그램 아이콘들로 줄여 놓았다. 만약을 위해 아직 끄면 안 된다. 그리고 다시 구글 창을 열고 중단했던 자료 검색을 하려는 그 순간 앗 …, MSN 메신저가 반짝! 녀석의 로그온을 알린다.

난 마우스를 클릭하고 지체 없이 키보드 자판으로 녀석을 공격했다.

"유빈아!!!!!!!! 컴퓨터 꺼!!"

"…"

잠시 고요한 정적이 흐른다.

아마도 윈도우 Live 메신저를 켜자마자 떠오른 나의 메시지에 녀석은 띵~ 했을 것이다. 대화창의 침묵은 녀석이 멈칫거리는 것을 마치 내 눈앞에 그대로 보여 주는 듯했다.

"아빠가 올라갈 때까지 정리하고 5분 내에 침대에 눕는다. 즉시 실시!!!"

메시지를 쓰는 나의 손가락은 놀라운 속도로 키보드 자판 위를 비상했다. 핫핫핫! 난 녀석에게 결정타를 날리고 의자를 젖혀 앉았다. 아들에게 자신의 로그온 상태를 변경할 틈을 주지 않고 성공적으로 녀석의 덜미를 잡은 것이다.

"넹~"

아들의 회신이 왔다. 그리고 녀석의 로그온 사인이 이내 꺼졌다. 이러한 원시적 방법은 컴퓨터와 인터넷에 중독된 아들을 감시

하는 데 나름대로 효과가 있다.

사실 아들만 중독된 것은 아니다

사실 큰아들 녀석은 내가 자기 방으로 올라가는 소리를 듣는 순간, 모니터를 끄거나 언제 컴퓨터에 집중한 일이 있었느냐는 식으로 늘 딴청을 부렸다. 그 때문에 녀석의 덜미를 잡는 일이 어렵기도 하지만, 또한 치사스럽다고 느낀 적이 한두 번이 아니었다. 녀석 말대로 치사빤쥬다치사하기가 팬티처럼 쑥스럽다는 것인가?? 알쏭달쏭한 표현이지만 그 어감이 팍팍 느껴진다. 게다가 자기 방에 잠시라도 들어가려고 하면 특별한 용건이 없다는 것을 눈치채는 순간 나를 추방하고야 만다. 온갖 핑계를 대며 방안에 미적거리고 머물러 있으려 해도 녀석은 이제 우악스런 힘으로 나를 밀어낸다.

● 어디 컴퓨터뿐인가? 컴퓨터를 하지 않는 시간에도 아이들은 거실에 앉아 아이팟 같은 휴대용 기기에 몰두했다. 그 자그마한 화면 안에 서로 머리를 맞대고 게임이나 인터넷에 빠져 있다. 그리고 뭔 할 말이 그리 많은지 채팅 프로그램을 아이팟에 심어 놓고 쉬지 않고 띵~ 띵~ 메시지 알림에 일일이 응답하는 큰 녀석의 머리에 알밤을 무수히 던지곤 하지만 소귀에 경 읽기다. 이것은 비단 나만의 이야기가 결코 아닐 것이다.

그래서 난 원격으로 녀석을 감시하는 수단을 강구할 수밖에 없었다. 아들의 프라이버시 요구에 아버지의 무조건적인 권위가 더 이상 먹히지 않았기 때문이다. 쩝~ 머리가 커져 가니 당연히 그만한 대우를 해 주는 것도 마땅한 도리인 것 같고, 또 솔직히 지하 방 서재에서 2층에 있는 아들 녀석 방에까지 오르락내리락하며 간섭하는 것이 쉽지는 않았다.

우리 가족의 저녁 일과는 대부분 식사가 끝나자마자 각자 흩어져 자신의 일에 열중하는 것으로 정리되곤 했다. 아내는 주로 드라마를 보고, 아이들은 공부를 하거나 온라인 게임에 열중하고, 나는 리포트 쓰기에 매달렸다. 각자의 위치도 정해져 있었다. 아내는 1층 거실 소파에 앉거나 탁자 옆에 길게 누워 자리를 잡고, 큰아들과 작은아들은 밥을 먹자마자 휘리릭~ 연기처럼 자기들 방으로 올라가 버리고, 나는 식사를 마친 후 설거지를 한 뒤 지하로 내려갔다저녁식사 설거지는 남자들 몫이다. 그리곤 각자의 세계에 몰입했다. 그렇기 때문에 매일 저녁 시간은 판에 박힌 듯 각자의 컴퓨터와 함께하는 것이 늘 우리 가족의 일상적인 모습이었다.

더욱이 아들 녀석들은 저녁식사가 다 준비되어 밥 먹으러 오라고 불러도 도무지 내려오지 않을 때도 많았다. 십중팔구는 컴퓨터에 열중해 있는 것이다. 그것도 게임 중일 가능성이 높다. 온라인 게임에서 혼자 빠져 나오는 것은 그 게임그룹에서는 왕따 대상이기 때문이다. 게다가 식탁에 앉아서도 정신은 딴 곳에 가 있고 대화는 건성으로 넘어가며 겉돌기 마련이었다.

그런 아이들의 컴퓨터 생활을 제어하기 위해 토요일에만 게임을 허락한 적이 있었다. 그런데 아뿔싸! 가족들이 함께 나가는 주말 외출에 이런저런 핑계를 대며 빠지려고만 하였다. 부득이하게 나가더라도 어찌나 빨리 집에 가자고 재촉을 하는지, 온 신경이

날카로워지는 경험을 한 적이 한두 번이 아니었다.

어디 컴퓨터뿐인가? 컴퓨터를 하지 않는 시간에도 아이들은 거실에 앉아 아이팟 같은 휴대용 기기에 몰두했다. 그 자그마한 화면 안에 서로 머리를 맞대고 게임이나 인터넷에 빠져 있다. 그리고 뭔 할 말이 그리 많은지 채팅 프로그램을 아이팟에 심어 놓고 쉬지 않고 띵~ 띵~ 메시지 알림에 일일이 응답하는 큰 녀석의 머리에 알밤을 무수히 던지곤 하지만 소귀에 경 읽기다. 이것은 비단 나만의 이야기가 결코 아닐 것이다.

거실에 함께 있어도 우리 가족은 이렇듯 따로 놀았다. 나는 노트북에 몰두해 리포트를 쓰고, 아내는 귀에 이어폰을 꽂고 한국 드라마에 빠져 있다. 큰녀석은 작은 놈이 플레이하는 엑스박스 게임에 일일이 참견하면서 한편으로는 아이팟으로 쉴 새 없이 문자를 보냈다. 우리 가족은 각자 손에 마우스아이팟의 경우는 터치 패드 상의 마우스를 하나씩 들고 밤마다 자신만의 세계에 빠져들곤 했다. 한국을 떠나 캐나다에 왔던 그 첫 해에도 우리는 여전히 옛 습성에 젖어 살았다.

아내의 컴퓨터가 고장나다!

지난주에는 큰 변고가 하나 있었다. 아내의 컴퓨터정확하게는 노트북가 그만 완전히 고장나고 만 것이다! 그동안 험난한 고초 가운데

서도 잘 버티던 놈이었는데 마침내 퍽~ 가버리고 말았다. 구입한 지 4년 동안 거실에서, 침대 위에서, 심지어 화장실 안에서까지 기동성 하나는 뛰어난 놈이었는데 결국 험한 일생 견디다 못하고 가버리고 말았다.

최근 얼마 동안 녀석이 굼뜨게 움직이는 것을 참다 못해 OS[2]를 재설치하려고 했던 것이 그만 결정적인 실수였다. 녀석의 하드 디스크를 다시 포맷[3]하고 설치를 시도하던 중 더 이상 버티지 못하고 내 손 안에서 장렬히 전사하고 만 것이다. 설치 중 책상 위 자리를 넓히려고 옆구리를 툭 쳤는데 아마 위태하던 낡은 전원 접속장치에서 과전류가 엉뚱한 곳으로 전달되는 바람에 찬란히 산화한 것이 틀림없었다.

난 잠시 멍해졌다가 정신을 차렸다. 그리고 그 앞에서 조의를 표한 후 눈물을 머금고 부검과 장기적출을 했다. 그동안의 병력이 있었기 때문에 망설일 이유가 없었다. 분해 후 쓸 만한 램RAM 메모리와 하드 디스크를 꺼냈다. 생명줄인 전원공급 장치도 건졌다. DC 19V짜리지만 이곳 캐나다에서는 부품 값이 금값이라 곱게 갈무리했다.

그나저나 큰일이었다. 우리 집 컴퓨터가 3대가 되어버렸기 때문이다. 헉~ 1대가 모자란다!!!

아내의 컴퓨터 전사 소식이 전해지자마자 누구라고 먼저 말할 것도 없이 식구들은 순간적인 긴장감에 휩싸였다. 스산한 분위기, 거친 황야의 바람이 불었다. 휘잉~ 그러나 웬걸, 아이들은 이내 긴장을 푸는 눈치였다. 그리고 … 아이들이 생각한 대로 난 오늘까지 일주일 내내 갈등하며 번민에 휩싸였다.

예상대로 아내는 나와 두 아이들 것 중 하나를 호시탐탐 노렸지만 역시 내 컴퓨터가 아내의 먹잇감이 되었다. 이유는 간단하다. 두 아이의 것은 데스크탑이고 내 것은 노트북이기 때문이다. 내 노트북이 비록 책상 위에서 대형 모니터에 연결되어 듀얼 뷰 Dual view[4]로 운영되고 USB포트로 주변 기기가 여러 개 연결되어 있지만, 아내는 과감히 모든 연결을 끊고 수시로 들고 나갔다. 오직 드라마 시청과 웹 서핑을 위해서다. 난 빨리 비상조치를 강구해야만 했다. 그렇지 않으면 내 노트북도 기구한 운명에 직면하게 될 것이다. 만약 온갖 귀중한 자료가 든 하드 디스크가 날아가 버리기라도 한다면! 아 …, 안 돼!!! 그것은 상상조차 하기 싫은 악몽이었다.

컴퓨터가 또 필요해?

결국 오늘 오랜 고민 끝에 노트북을 새로 하나 샀다. 주머니 형편상 제일 저렴한 넷북으로 구입했지만 말이다.

"당신 미쳤지? 왜 컴퓨터를 사? 돈도 없다며? 그러면서 또 내가 인터넷에 너무 빠져 산다고 핀잔 줄 거지? 응?"

컴퓨터를 사려는 눈치만 보여도 그렇게나 잔소리를 하더니만 새로 산 노트북의 날렵함을 보고 아내는 "어쩜~ 너무 이쁘다"라며 호호 웃음지었다. 아톰 CPU[5]에 Window XP가 설치되어 구동되는 넷북은 모니터는 작지만 나의 컴퓨터를 아내의 마수로부터 벗어나게 만들기에 충분했다. 그렇게 우리 집 컴퓨터가 다시 4대가 된 오늘 나는 평화로운 저녁을 되찾았다.

고장난 아내의 컴퓨터에서 떼어낸 장기들을 창고의 보관함에 넣던 날 나는 부품들을 보면서 잠시 압박감에 시달렸다. 한동안 신경 쓰지 않은 탓에 온갖 부품들이 창고 여기저기 널브러져 있었기 때문이다. 셀 수 없이 많은 전원 어댑터, 서랍 가득한 각종 크기의 하드 디스크들, 넘쳐나는 케이블들과 USB 부속장치들 …. 모두가 싱싱한 놈들인데 본체를 떠나 세월에 녹이 슬고 있었다. 불쌍한 놈들 ….

모든 형태의 전자 기기를 좋아하는 나의 취미 때문에 컴퓨터나 오디오 관련 제품들이 집에 차고도 넘친다. 또한 그러한 기기들의 부속 부품들을 모으는 것도 좋아한다. 오디오는 음의 색깔 때문에 진공관 앰프를 직접 만들어 듣기도 하고, 컴퓨터는 초창기 애플이나 IBM의 16비트 컴퓨터부터 286, 386, 486세대 모두 직접 조립해서 써왔다. 지금의 듀얼코어, 쿼드코어[6] CPU나 64비트 운영체제에 이르러서도 마찬가지다. 최근 큰아이의 컴퓨터만 유일하게 완제품을 샀는데, 직접 조립할까 하다가 이제는 나이도 들고 힘도 들어서 그냥 사 주었다.

나의 이런 취향 때문에 집에는 컴퓨터와 그 부속품들이 넘쳐난다. 창고뿐 아니라 책상 서랍 안에도 쓰지 않거나 철 지난 부속품들, 예컨대 ZIP drive 저장장치 같은 것들이 가득하다. 그 모든 부품들은 쓰레기로 버려도 될 만한 것들이지만 나의 고집 때문에 집안 구석구석에 이리저리 굴러다닌다. 아내의 말마따나 난 우리 집 잡동사니 쓰레기의 발생지이며 늘 먼지를 몰고 다니는 사람임에 틀림없다.

나로부터 시작되다

우리 가족들이 늘 컴퓨터와 인터넷의 세계에 살고 있는 데에는 솔직히 나의 책임이 가장 크다. 가족 모두가 예외 없이 컴퓨터를 즐기게 된 것이 나의 영향이기 때문이다. 매일 일한답시고 컴퓨터를 끼고 사니 그 습관이 아이들에게 자연스레 전염된 것이다. 인지능력이 생길 때부터 집에서 그저 컴퓨터 모니터만 뚫어져라 쳐다보는 아빠의 모습이 아이들 눈에 너무 익어버린 탓이리라. 아이가 초등학교 때, 일하는 아빠를 그리라고 하면 컴퓨터 앞에 앉아 있는 모습을 그릴 정도였으니 말이다.

그러면 내가 프로그래머였느냐? 그것도 아니었다. 단지 업무상 컴퓨터를 자주 사용할 뿐이었다. 더욱이 가족끼리 모여 있을 때조차도 나는 대부분 컴퓨터를 켜 놓은 채로 함께 있었다. 아이들과 대화를 하거나 TV를 볼 때도 컴퓨터 자판을 두드리며 멀티태스킹multi tasking[7]을 시도하곤 했다.

솔직히 나는 어떤 계획을 짜거나 회사에서 제안서를 쓸 때도 모니터 앞에서 자판에 손을 대는 순간에만 번뜩이는 아이디어가 쏟아져 나온다. 마치 모니터의 불빛에 정신이 연결, 즉 훅업hook up된다고 할까? 그렇게 하지 않으면 도통 머릿속이 멍하게 느껴져 일을 시작할 수도 없다. 생각이 전혀 정리가 되지 않는 것이다.

17년 가까이 회사에 다니는 동안 컴퓨터가 나의 앞에서 떠난 적이 없었다. 대학 때부터 컴퓨터를 만지작거렸으니 거의 25년 세월 동안 나의 정신과 정력을 쏟아낸 곳이 모니터 앞이다. 그렇기 때문에 컴퓨터를 떠나 있으면 오히려 정서가 불안해졌다. 결국 나는 나의 몸에 붙은 이 바이러스 인자를 온 가족에게 퍼트려 버렸다.

나와 같은 인자를 가진 사람들은 단순히 컴퓨터 스위치를 켜는 것만으로도 심적인 안정감을 느낄 뿐 아니라 일종의 쾌감까지 느낀다. 좋아하는 웹사이트를 방문하거나 인터넷을 검색하면서 자신이 지금 휴식을 취한다고 생각한다.[8] 아이들도 나를 닮아서 그런지 공부하다 지치면 좀 쉬었다가 계속하겠다고 말하고는 바로 컴퓨터에 몰입해 버린다. 오히려 그것이 더 많은 정신집중과 체력을 소모하는 일인데 말이다. 그런데 그 마음을 잘 알기에 그냥 내버려 둔 나의 실책이 온 가족을 나처럼 만들어 버렸다.

아이들이 컴퓨터에 몰입하는 버릇은 솔직히 나의 책임이 크다. 어렸을 때는 마냥 같이 놀아 주기도 힘들고 또 마땅한 놀이문화가 없어 우려를 하면서도 놔두었는데, 지나친 사용이 그만 중독을 가져온 것이다. 회사 업무에 지쳐 집으로 돌아온 뒤에 나만의 조용한 휴식시간을 가지고 싶었던 소박한 부모 입장에서 게으름이 또한 아이들의 상태를 늦게 눈치채는 비극을 불러왔다.

큰아들의 경우는 하루라도 온라인 게임을 하지 못하면 초조하고 불안한 증세를 보였다. 동생과 사소하게 부딪혀도 민감하게 반응하고 신경질적이 되었다. 처음에는 왜 그런지 몰랐지만, 게임을 즐기지 못하는 여건 인터넷이 잘 되지 않거나 다른 일로 컴퓨터 앞에 앉지 못할 때 때문에 그렇다는 것을 알았을 때는 이미 많은 시간이 지난 후였다. 작은 녀석도 내성적인 성격 탓에 친구들과 어울려 밖에서 놀기보다 혼자 방에서 인터넷을 통해 자신만의 놀이에 빠지곤 했다. '홀로서기' 가 아닌 '홀로되기' 를 연습한 것이다.

다행히 아이들의 증세는 지금 약간 호전된 상태다. 순전히 이래선 안 된다는 절박한 위기감 때문에 한동안 컴퓨터 사용에 강압적인 제한을 둔 덕분이다. 또한 말로 해서는 효과가 없다는 것을 경험상 알기에 청소년 보호 프로그램을 설치하고 운용하는 강제적 수단을 쓰기도 했다. 아이들은 이제 하루 두 시간만 컴퓨터를 사용할 수 있다. 사실 처음 의도는 한 시간만 허용할 생각이었지만 그렇게 했다가는 부자지간이 원수지간이 될 것 같은 험악한 분위기가 일었다. 아이들의 삭막한 눈초리에 뒷목이 서늘한 위기감과 두려움을 느껴 겨우 두 시간으로 타협을 봤다. 하려고만 한다면 아이들이 그 프로그램을 해킹해 풀 수도 있겠지만 다행히 순진한 것인지 아니면 몰라서 그런지 솔직히 후자에 약간 더 무게를 둔다 그런 시도는 없었다.

중독의 기회는 어디나 있다

그런데 얼마 전부터 또 다른 난관에 부딪혔다. 발단은 OS 재설치였다. 아이들의 컴퓨터에 설치된 Window Vista OS의 결점은 너무 무겁다는 점이다. 한동안 쓰다 보면 레지스트리 registry[9]에 찌꺼기도 많이 남는다. 그래서 속도가 느려진다. 늘 그래왔듯이 아이들은 컴퓨터에 조금만 문제가 생겨도 나를 들볶는다. 인터넷이 너무 느리다, 컴퓨터가 나쁘다는 등 자신들이 관리를 못해서 생긴 일인데도 나만 괴롭힌다. 레지스트리나 시작 프로그램[10]만 잘 청소해도 컴퓨터는 쌩쌩 잘 돌아갈 것이다. 컴퓨터에 이런저런 프로그램 모두 게임이라고 봐야 한다들을 깔았다 지웠다 하는 통에 온갖 찌꺼기가 컴퓨터 부팅 때 함께 올라와서 속도가 느려지는 것이다.

그래서 과감히 업그레이드를 해 버렸다. 솔직히 새로 OS를 설치하면서 녀석들의 너저분한 게임들도 싹 날려버릴 숨은 속셈이 더 컸다. 그런데 이뿔싸! 이전 Vista에서는 잘 돌아가던 청소년 보호 프로그램이 Win7에서는 잘 작동되지 않는 것이다. 어쩌다 설치되어도 엉뚱하게 오작동만 했다. 급한 마음에 이것저것 설치해 보았지만, 아직 Win7 OS에 맞는 버전이 나오지 않아 힘만 들었다.

"우씨~ 뭣이 이렇나?"

나는 시간만 가고 기운이 딸려옴을 느꼈다.

"아~ 이제 이 짓도 못하겠다."

컴퓨터에 매달려 이것저것 설치하며 재미를 느끼는 나이가 이제는 정말 지난 것 같았다.

"아빠, 이 기회에 아들을 함 믿어 보시죠, 네?"

큰아들 녀석이 순간의 기회를 타 자발적인 컨트롤을 주장하고 나왔다.

"저도 이제 컸거든요~"

부드럽게 꼬리를 치더니만 내가 주저하는 기색을 보이자 과감히 자기도 이제 고딩이라며 자주권을 선언한 것이다. 나는 순간 정~말 많이 망설였다. 첫째에게 허용하면 둘째 아들도 어부지리로 그냥 묻어갈 것이 뻔하다. 그러나 별 뾰족한 수가 없었다.

"그래, 믿자 믿어. 내가 아들을 못 믿으면 누가 믿으랴~"

자기 관리도 미리 훈련이 필요한 것이라고 애써 자위하며 그렇게 아들의 요구를 허용해 주고 말았다.

그러나 감시 프로그램을 삭제하는 대신 밤 10시 이후에는 무조건 컴퓨터를 끄고 잠자리에 든다는 조건을 붙였다. 아들을 믿지만, 그렇다고 부모 된 도리를 소홀히 할 수는 없었다. 그래서 지극히 쉬운 채팅 프로그램을 이용하여 감시 아닌 감시를 하게 된 것이다. 아들이 자신의 로그온 상태를 숨기지 않는 한 메신저나 싸이월드, 페이스북 같은 커뮤니티 로그온 상태를 파악하는 것은 가장 손쉬운 컴퓨터 사용 감시 방법이다.

아이들이 집에서 컴퓨터가 아닌 다른 일로 여가시간을 유용하게 보내게 된다면 이러한 컴퓨터 중독 증세는 없어질 것이라는 희망을 가져 본다. 그러나 나의 경우를 보더라도 아이들이 컴퓨터에서 완전히 벗어나기는 힘들 것 같다. 이제는 세상이 달라졌기 때문이다. 컴퓨터와 인터넷 없는 세상은 … 솔직히 재미없다. 컴퓨터와 인터넷이 없는 세상은 상상할 수도 없다. 다른 사람은 어떨지 모르지만 나의 생활에서 인터넷 없는 하루는 마치 무인도에 갇힌 듯한 느낌을 준다.

직장 일을 잠시 떠난 지금도 난 컴퓨터를 통해 처리하는 일이 많다. 늘 컴퓨터 앞에 앉아 있는 나를 보고 오히려 가족들이 컴퓨터 중독에 대해 경각심을 일으킬 정도다. 이런 나의 모습이 중독된 가족들에게 교육적 샘플이 되는 것은 참 아이러니하다.

역시 한국 인터넷이 최고다 – 축복인가 재앙인가?

캐나다와의 비교

캐나다의 인터넷 환경이 한국만큼 좋지 않다는 현실적인 제약은 우리 가족에게는 어떤 의미에서 다행이다. 만약 캐나다가 한국만큼 인터넷 사용 환경이 좋았다면 우리 가족의 컴퓨터 중독은 더욱 심각한 지경에 이르렀을 가능성이 크다. 캐나다란 나라가 한국만큼 바쁘게 돌아가는 사회 환경이 아니기 때문에 더더욱 그럴 수 있다. 인터넷이 빠르다면 실생활의 심심함과 무료함을 오히려 컴퓨터와 인터넷에 더 몰두함으로 잊으려 할 수 있기 때문이다.

내가 살고 있는 캐나다 BC British Columbia 주에는 신흥 통신업자인 Shaw가 Cable Modem방식으로 인터넷을 서비스하고, 기득권을 가진 기존의 사업자인 Telus는 전화선을 이용한 xDSL방식으로 인터넷을 제공한다. 최근에는 Telus도 Optik Cable이라는 이름으로 Shaw의 서비스를 따라가고 있지만 대부분은 아직 xDSL방식으로 남아 있다. 한국에서 xDSL방식은 이미 구닥다리가 되어가고 집집마다 광랜이라는 이름으로 초당 100Mb의 다운로드 스피드가 제공되는 현실과 비교하면 한국과 캐나다의 통신서비스는 많은 격차가 있다.

그러나 사실 이것은 두 나라의 통신 비즈니스 환경이 서로 다르기 때문에 그런 것이다. 한국 같은 좁은 국토, 밀집된 지역에서 통신 인프라를 구축하고 운영하는 비용과, 캐나다와 같이 넓은 땅에서 적은 인구 캐나다의 전체 인구는 2008년 기준으로 3천 3백만 명인데 국토 면적은 한국의 99.8배에 이른다를 위해 통신 인프라를 운영하는 비용은 절대적으로 다르다. 물론 그 큰 국토에 사람들이 골고루 펴져 살지는 않는다. 비록 땅은 넓더라도 캐나다인들 대부분은 경제적 · 기후적 요인 때문에 미국과 국경을 접한 지역에 몰려 산다. 그렇지만 넓은 땅에 비해서 적은 인구이기에 한국처럼 단시간에 통신 인프라를 구축할 수가 없다.

현재 캐나다의 일반 가정에서 사용하는 인터넷 접속 속도는 유선으로 보통 7.5Mb/sec 정도다. 주된 통신사업자인 Telus와 Shaw의 고객들 대부분이 그보다 빠른 속도를 원하지만 인터넷 서비스 가격이 워낙 비싸 엄두를 못 낸다. 한 달에 100불 하는 High-Speed Extreme 서비스도 한국과 비교하면 진짜 비싼 가격이지만 최대 25Mb/sec 정도의 다운로드 속도밖에 지원하지 않는다. 그러므로 가격 대비 겨우 참을만한 수준의 인터넷 서비스이 서비스의 이름도 High Speed다. extreme이라는 표현만 없다가 평균 7.5Mb 정도인 셈이다. 현재 내가 사는 지역 역시 Shaw서비스의 경우 인터넷의 최고 속도는 25Mb지만 업로드 스피드는 놀랍게도 0.20~0.35Mb/sec 정도밖에 되지 않기 때문에 굳이 7.5Mb 대신 25Mb 스피드를 사용할 타당성을 전혀 못 느낀다. 인터넷 서비스에서 다운로드 속도 못지않게 중요한 것이 바로 업로드 스피드기 때문이다.

용량이 큰 파일을 이메일로 보낼 때 불편을 느끼지 않거나 인터넷폰과 같은 음성통신을 무난히 즐길 정도가 되려면 업로드 속도가 최소한 초당 0.30Mb/sec 이상이 되어야 한다. 만약 업로드가 0.30Mb/sec보다 낮으면 인터넷폰의 소리가 많이 끊긴다. 다운로드 속도가 빨라 상대방 목소리는 괜찮게 들려도 업로드가 느리면 전송되는 프레임frame, 데이터의 전송단위이 손실되어 상대방이 내 목소리를 들을 때 끊김 현상이 자주 발생하는 것이다.

모든 통신의 전송 데이터에는 헤더header라는 부분이 있어 IP address, 데이터 속성 같은 정보를 저장하고 있다. 이 헤더 덕분에 인터넷 상의 그 많은 트래픽traffic, 인터넷 상에서 전송되는 모든 음성, 멀티미디어, 파일들의 전달량을 말한다. 마치 일반도로에서의 교통량과 같은 개념이다. 이는 5장에서 더 자세히 설명한다 속에서도 나와 상대방 컴퓨터 사이, 혹은 인터넷폰의 경우 전화기와 전화기 사이를 끊김 없이 연결한다. 따라서 업로드할 때 속도가 낮아 데이터가 손실될 경우 전문용어로 packet loss라고 말한다는 헤더 역시 손실되어 길을 잃어버리기 때문에 보내는 음성이 간혹 끊겨 들린다.

사정이 이렇다 보니 캐나다에서 아이들이 한국에 있는 웹사이트에 들어가거나 한국에 있는 게임서버와 실시간으로 데이터를 주고받으며 게임을 즐기기에는 인터넷 속도가 너무 느리다. 단순히 다운로드 속도 때문이 아니라 근본적으로 한국과 캐나다 간의 통신회선 용량이 적다는 데 더 큰 이유가 있다. 쉽게 말해 교통량에 비해 도로망이 작다고 생각하면 된다 통신회선에 대해서는 5장에서 자세히 소개한다.

그럼에도 불구하고 한국의 서버로 게임을 즐기려면 속된 말로 머리카락 쥐어뜯는 인내를 배운다. 또한 시차 때문에라도 아이들의 인터넷 활동에는 다소 제약이 따라서 결국 아이들의 인터넷 중독은 타의반 자의반 많이 제어된다. 만약 한국에서도 아이들의 인터넷 · 게임 집중을 줄이고 싶다면 집에서만이라도 의도적으로 인터넷 속도를 느리게 만들면 나름대로 효과가 있을 것이다.

한국의 인터넷 환경이 세계 어느 나라보다 앞서고 훌륭하다는 것은 어떤 의미에서 사람들을 인터넷에 쉽게 중독되게 만드는 한 요인이 될 수도 있다. 캐나다처럼 아예 느리거나 인프라가 덜 구축되어 있다면 과연 어떨까 생각해 보게 된다.

아는 만큼 제어한다 – 무선 홈 네트워킹에 대한 상식

느린 인터넷 속도에도 불구하고 나는 우리집 컴퓨터를 모두 무선 인터넷으로 연결하였다. 접속 속도를 좀 더 느리게 만들기 위해서다. 그러고 나니 큰아들 녀석은 틈만 나면 자기 컴퓨터만이라도 인터넷 공유기AP, Access Point라고 흔히 말한다에서 유선으로 연결해 달라고 아우성이다. 유선이 조금이라도 더 빠르다는 것을 알기 때문이다.

하지만 난 아들을 너무나 사랑하기 때문에 절대불가 입장을 꿋꿋이 견지하고 있다. 실제로 좁은 집안에서 인터넷을 서핑하는 데는 유선이나 무선이나 그다지 많은 차이를 보이지도 않는다. 물론 이미 컴퓨터와 오디오 등 잡다한 기계로 가득 찬 녀석의 방에 굳이 AP까지 들여놓아 더 복잡하게 만들고 싶은 생각은 추호도 없다. 무엇보다 무선 송수신기를 아이 머리맡에 놓아 전파에 더 가까이 노출되는 것을 막기 위해서다.

4년 전 회사 업무 때문에 며칠 동안 매일 12시간 이상 휴대폰으로 통화한 적이 있었다. 중국 공장과 핀란드 본사, 한국 고객 사이에서 일을 처리하느라 배터리를 바꿔가며 정신없이 온갖 난리를 쳤었다. 그런데 그렇게 일한 그 며칠 밤 동안 머리가 너무 아파서 잠을 잘 수가 없었다. 그 후로는 어떤 경우에도 머리 가까이 무선 송수신기를 장시간 두는 것은 좋지 않다고 굳게 믿게 되었다. 솔직히 그때 뇌가 과도하게 전파에 노출된 나머지 혹시 약간 변형을 일으키지나 않았을까 하는 생각에 노이로제에 걸릴 지경이었다. 통화를 오래하다 보면 휴대폰은 늘 뜨끈뜨끈해지고 머리는 기분 나쁘게 아프곤 했으니 결코 지나치게 민감한 것은 아니었다한 달 휴대폰 통화료만 120만 원이 넘게 나왔었다.

우리가 일반 가정에서 쓰는 인터넷 공유기는 현재 IEEE802.11b, g나 혹은 n방식을 쓴다. IEEE802.11이란 용어는 미국전기전자학회Institute of Electrical and Electronics Engineers의 무선랜LAN 표준 802.11조항을 의미하는 단어다. 대부분의 가정에서 이 802.11조항을 세계 표준으로 삼아 만든 공유기를 사용하고 있다. 이론상 이 사양의 인터넷 공유기의 전송거리는 80m b, g방식~250m n방식 정도다. 가구의 배치나 벽의 두께 혹은 층간 구조물의 특성에 따라 실질 접속거리와 품질에는 약간 차이가 있을 수 있다. 가령 한국의 아파트는 방과 방 사이가 시멘트나 콘크리트 구조물이라 전파가 통과하기 힘들 때가 있다. 따라서 AP가 조금 멀리 있으면 현관 근처 방이나 구석진 방에서는 무선 인터넷이 잘 되지 않는다. 그 경우 중간 위치인 거실에 AP를 놓으면 어느 방에서나 무선랜이 잘 잡힐 수 있다.

나는 인터넷에서 무료로 다운받을 수 있는 '무선랜 가이더'라는 프로그램을 이용해 집에서도 최적의 AP 설정을 할 수 있었다.

이 프로그램을 사용하면 자기 집 AP의 주파수 특성과 강도까지 상세히 설정할 수 있을 뿐 아니라 이웃집에 무선랜이 몇 개 있고 어떤 채널을 사용하는지도 분석할 수 있다. 한국에서 이 프로그램 덕을 많이 봤는데 여기 캐나다에서도 집안의 컴퓨터들을 위한 최적의 무선랜을 설정하는 데 도움을 받았다. 그런데 유감스럽게도 이 프로그램은 window XP까지만 지원하고 그 이상의 버전에는 설치되지 않는다. 하지만 Window7 정도 되면 OS 자체 내에 무선랜 감지기능이 내장되어 있다.

최적의 무선랜 설치 원리는 간단하다. 802.11g 방식의 AP는 2.4~2.4835GHz의 주파수 대역에서 13개 정도의 채널을 쓰며 전송 속도는 초당 54Mb 정도다이론상으로. 만약 이웃집 공유기가 13개 채널 중 6번을 사용하는데 우리 집 공유기도 같은 6번을 쓴다면 비록 공유기 ID흔히 SSID라고 칭한다. 여기서는 공유기 이름가 달라도 전파간섭을 받을 수밖에 없다. 그 결과 전송 속도와 품질에 영향을 받는다. 따라서 이러한 간섭을 피하기 위해서는 최소한 3개의 채널 정도 차이를 두고 무선랜을 설정할 필요가 있다.

일반적으로 시중에 판매되는 공유기는 몇몇 개의 유명 메이커밖에 없기 때문에 만약 이웃집들이 비슷한 공유기를 쓰고 있고 또한 공장에서 출하된 그대로 별다른 설정을 하지 않으면 모두 똑같은 무선 설정을 하게 되는 것이다. 즉 대부분의 무선 공유기가 6번 채널에 고정되어 출하되므로 설정을 바꾸지 않으면 이웃끼리 같은 6번 채널을 쓰게 된다. 당연히 서로 전파간섭을 주고받아 인터넷 접속속도에 나쁜 영향을 미친다.

Window Vista나 Winow7 OS 환경에서는 화면 아래의 무선랜 아이콘을 클릭하면 한 번에 이웃집 무선랜들과 그 전파 세기까지 보여 준다. 하지만 최적의 채널을 제안하지는 않기 때문에 보다 전문적으로 관리하려면 이와 같은 별도의 무선랜 관리 노하우가 필요하다.

전파간섭 때문에 인터넷이 안 된다?

전파간섭이란 말 그대로 동일한 주파수를 이용하는 기기 간의 간섭을 의미한다. 무선랜에서 쓰는 2.4~2.4835GHz 주파수는 산업, 과학, 의료용Industrial, Science, and Medical 대역, 즉 IMS용 대역이라 불리는 주파수다. 따라서 이러한 기기들이 쓰이는 장소에서는 무선랜의 간섭이 심하기 때문에 병원이나 산업기계들이 있는 환경에서는 무선랜이 약할 수밖에 없다.[11]

일례로 전자레인지가 작동될 때 근처에서 노트북을 사용하면 무선랜 성능이 눈에 띄게 나빠진다. 주방에서 아내가 가끔 전자레인지로 음식을 데울 때 노트북으로 유튜브를 보던 둘째 녀석이 이런 사실을 모른 채 느린 속도에 짜증을 내곤 했다. 괜히 통신회사만 욕먹는 것이다. 전자레인지는 무선랜802.11b/g이 사용하는 2.4~2.4853GHz의 전 대역에서 전파를 발생시킨다. 그러므로 전자레인지에서 5m 이상 떨어진 곳에서 사용해야 별다른 전파간섭을 받지 않는다. 가장 좋은 방법은 중복되는 사용시간을 피하는 것이다. 흔히 쓰는 블루투스 기기나 가정용 무선전화기 역시 무선랜과 간섭이 일어난다.

현재 우리 집 무선랜은 802.11g방식에 3번 채널을 쓰며 무선보안은 WPA-PSK TKIP 방식을 쓰고 있다. 원래는 MAC Address 통신기기의 고유등록번호, 즉 노트북에 내장된 무선랜 카드번호나 아이팟의 무선칩 번호 등 단말기의 고유번호 인증방식까지 곁들여 등록되지 않은 무선기계는 접속 불가하게 만들었다. 그러나 간혹 놀러 오는 아들 친구들의 노트북을 그때마다 등록하기 귀찮아서 이 보안 방식은 없앴다.

네트워크 세대의 등장과 인터넷 중독 - 일렉트로 그노스틱

인터넷 강국인 한국의 복병

얼마 전 인터넷 게임에 빠져 3개월 된 신생아 딸을 굶겨 죽인 비정한 부모에 대한 기사를 읽었다. 그 기사를 보는 순간 뒷머리가 뜨뜻해짐을 느꼈다.[12] 이럴 수가 …! 한국인들의 인터넷 중독 증세는 예전이나 지금이나 별반 나아지지 않았다. 아니, 오히려 점점 더 심각해지고 있는 것이다.

기사를 읽은 모든 사람들이 황당한 현실과 정신 나간 듯이 보이는 부모에 대해 성토했다. 게임 중독으로 인한 폐해는 한두 가지가 아니지만 부모 된 자가 자기 자식을 방치해 죽게까지 했다는 사실에 대부분의 사람들이 나처럼 충격 속에 한숨만 쉬었을 것이다. 그 일이 있기 얼마 전 32세 남자가 설 연휴에 PC방에서 닷새 동안 온라인 게임만 하다가 급사한 사건도 있었다. 그뿐인가. 게임만 한다고 나무라던 50대 어머니를 살해한 사건도 일어났다. 모두 한국에서 발생한 사건들이다.

● 컴퓨터가 없는 생활은 이제 아주 불편한 수준을 넘어 사회기능 자체가 마비될 수도 있을 정도다. 그러나 인터넷 강국이 된 한국은 현재 인터넷 중독이라는 복병 때문에 정보화 사회의 역기능을 톡톡히 체험하고 있다.

CNN 방송은 이러한 한국인의 인터넷 중독 폐해를 즉각 보도했다. 그러면서 한국이 초경쟁 사회에서 오는 압박감 때문에 인터넷 중독이 생긴 것이라 보고 한국 노동자의 연평균 노동시간까지 소개하며 이 문제를 다루었다.[13] 한국인의 1인당 연평균 노동시간이 경제협력개발기구OECD 추산 2,256시간에 이르며, 극심한 경쟁으로 인한 스트레스와 좌절이 한국인들을 인터넷 중독에 물들게 한다는 것이다. 물론 이것이 신문에 소개된 한국인들의 인터넷 중독현상을 완벽하게 설명하지는 못하겠지만 적어도 여러 원인 가운데 나름 타당성을 가진 분석일 수 있다.

"넌 어떻게 생각하니?"

이래저래 심란해진 나는 큰아들 녀석을 불러 내려 기사를 보여 주며 물어 봤다.

"세상에나 …. 아빠, 이거 정말이야? 와~ 어떻게 이럴 수가 있어요?"

아들은 무척 놀란 모양이었다. 그런데 잠시 방방 뜨더니만 갑자기 이야기가 엉뚱한 방향으로 흘렀다.

"음~ 그런데 아빠도 컴퓨터에 집중하면 우리한테 별로 신경 쓰지 않을 때가 많잖아요. 엄마도 밥 안 해 준 적이~. 아니, 아니다. 밥은 해 주셨다. 반찬이 없어서 그렇지. 김치 달랑 하나 …."

헉~ 이럴 수가! 컴퓨터에 중독된 자신을 돌아보라고 질문했는데…, 아들에게 되려 한 방 먹고 말았다.

컴퓨터가 없는 생활은 이제 아주 불편한 수준을 넘어 사회기능 자체가 마비될 수도 있을 정도다. 은행 업무는 물론 동사무소에서 주민등록등본을 발급받거나 우편을 발송할 때, 열차나 비행기를 타거나 심지어 음식점에서 계산을 할 때도 컴퓨터가 필요하다. 인간의 조정을 받아 움직이는 것처럼 보이는 자동차도 그 자체 동작을 감지하고 제어하는 컴퓨터 부품이 필요하다. 이제 컴퓨터를 떼어 놓으면 우리의 하루는 정말 엉망이 되고 말 것이다.

이러한 컴퓨터의 생활화는 인터넷 통신망의 발달과 함께 한국을 정보화 사회로 이끌었다. 특히 한국은 국가적 차원에서 정보화 고속도로Information Super Highway라는 야심찬 프로젝트를 실현하여 세계 어느 나라보다 앞선 컴퓨터 네트워크 생활을 전 국민에게 제공하며 인터넷 초강국이 되었다. 컴퓨터가 없는 생활은 이제 아주 불편한 수준을 넘어 사회기능 자체가 마비될 수도 있을 정도다.

정보화 고속도로 프로젝트 개념은 1992년 미국의 빌 클린턴과 앨 고어 진영에서 나온 선거 전략 중의 하나였다. 이것은 재화와 물류의 흐름이 자동차가 달리는 고속도로를 통해서 이루어지는 것처럼, 정보의 흐름이 컴퓨터 네트워크 인프라를 통해 교환되는 것을 목적으로 한다. 이 인프라 구축에서 다른 나라보다 우위를 차지하겠다는 것이 미국의 구상이었으며 이 개념은 당연히 각 나라로 급속히 퍼졌다. 그 중 한국이 가장 탁월하게 정보화 고속도로를 현실화시킨 나라가 되었다.

전국에 광케이블망을 구축하여 각 가정까지 End to End 연결 가능한 Fiber to The Home FTTH 네트워크를 실질적으로 구현했다. 이를 가능케 한 통신사들의 성공적인 사업투자는 세계 각국에서 벤치마크하기 위해 출장을 올 정도였다. 그리하여 2007년 세계에서 가장 빠른 인터넷 서비스망100Mb/s을 각 가정에 제공하고 인터넷 쇼핑이나 인터넷뱅킹 등을 가장 잘 활용하는 국가가 되었다. CNN 방송은 한국의 90% 이상의 가정이 초고속 인터넷을 사용하고 있다고 보도했다.

네트워크 세대가 만드는 세상

한국에서 인터넷을 사용하고 즐기는 주요 계층은 꼭 젊은 세대들만은 아니다. 40~50대 장년들도 인터넷을 자주 이용하는 주요 세대가 된 지 오래다. 그러나 1980년대 이후 태어난 세대가 네트워크 발전으로 가장 많은 혜택을 누리는 듯하다. 이들은 이전에는 없던 컴퓨터 · 네트워크를 통해 재화를 생산하고 소비하는 주요 세대가 되었으며, 이전의 어느 세대와도 확연히 구분되는 삶을 영위해 간다.

이 세대의 생활에서 컴퓨터 · 인터넷 문화는 휴대폰 문화와 함께 그들만의 독특한 사이버 문화를 만들었다. 이른바 네트워크 세대의 등장이며 네트워크 세대의 문화 형성이다. 이 네트워크 세대는 젊은 층을 중심으로 청장년층 역시 그 참여도에 따라 왕성히 그 세대에 편입해 가며 날로 확대되어가고 있다.

네트워크 세대와 아울러 첨단 디지털 기기 및 인터넷에 익숙한 신세대를 디지털 원주민Digital Native이라 칭하고, 그렇지 않은 장년층을 디지털 이주민Digital Immigrant이라고 일컫기도 한다이 분류에 의하면 나의 큰아들은 디지털 원주민에 속한다.[14] 1980년대 이후에 태어난 이들은 디지털 기기에 대한 적응력이 이전과 달라 대부분 디지털 원주민들로 볼 수 있다. 뿐만 아니라 1990년 이후에 태어난 지금의 10대들은 디지털 원주민들 중에서 최선봉에 선 세대로서 가히 정신이 없을 정도로 온갖 IT기기들을 다룬다.

바로 이 네트워크 세대들의 인터넷 세상, 즉 사이버 스페이스는 과거의 그 어떤 사회 변화와 비교될 수 없을 정도로 급속히 발전했다. 컴퓨터와 네트워크가 만드는 사이버 세계에 이들은 현실에 존재하는 모든 시설과 틀을 그대로 옮겨 놓음으로써 또 하나의 인간 세상을 만들었다. 그리고 그 가상 세계는 앞에서 이야기한 신문기사 내용처럼 중독된 사랑으로 오염되고 있다. 바로 이 때문에 우리의 현실 세계가 정체성의 위기 및 가치관의 전도에 따른 혼동을 톡톡히 경험하고 있는 것이다.

우리는 이제 곧 이 네트워크 세대, 디지털 원주민이 주도적으로 사회를 운영하는 시대를 살게 된다. 과거에서부터 지금까지 경험했던 세대교체와는 전혀 다른 격변이 어쩌면 이 새로운 세대에 의해 만들어질 것이다. 그들의 인식체계와 행동양식이 가상 현실의 영향을 받았기 때문에 기존의 사고방식이나 접근법과 전혀 다를 수 있다. 그러므로 우리는 그들이 바람직한 세계관과 가치체계를 정립할 수 있도록 모든 노력을 기울여야만 한다.

오래 전 그래픽 디자이너이자 컴퓨터 애니메이션 제작자인 폴 클라우니Paul Clowney는 「가상 현실」*Virtual Reality*에서 다음과 같이 예리한 예측을 한 바 있다.

> 가상 현실은 단지 현실 세계의 한 모형즉 여전히 현실 세계 안에 존재하는 정도로 여겨지는 것이 아니라 현실 바깥의 독립적인 현실로 여겨질 것이다. … 이상주의자들은 완전히 새로운 종류의 종교적 체험 가능성을 보게 될 것이다. 전자 영지주의 혹은 신비주의Electro Gnostic라고도 할 만한 이 모형에서 말 그대로 당신의 존재를 규정할 수 있고, 세계적으로 당신과 비슷한 정신의 소유자들과 연결 가능하다. 따라서 가상 현실 기술은 인간의 다음 진화 단계를, 인간이 자신의 종을 이성을 통해 재창조하기 시작한다고 믿고 또한 생체적 변화의 시대로 보고자 하는 많은 뉴에이지 옹호자들에게 대단한 매력을 선사한다. … 무엇이 정체성을 만드는가에 대한 정

의는 변화하고 있으며, 가상공간에 투사된 상상과 인격이 사회적 관계의 주요한 방식이 된다면 그러한 변화는 더욱 급격하게 이루어질 것이다."[15]

네트워크가 만들어 낸 사이버 스페이스에서 종교적인 차원의 체험 가능성을 예견한 그의 견해는 책이 발행된 1993년 무렵에 이미 뚜렷한 징조가 여기저기 나타났다. 그리고 지금 이 시대는 그의 예언의 연장선과 확증 가운데 있다. 다음 장에서부터 살펴볼 사이버 중독에 따른 현실 상황들은 모두 폴 클라우니의 예측과 일치한다. 바로 전자 영지주의Electro Gnostic의 출현이다.

우리 가정은 어떤 모습인가? – 활자이탈 세대

활자이탈活字離脫 세대라는 말이 있다. 아이들이 인터넷, 전자게임, 휴대전화, 아이팟 등에 익숙해져 책이나 신문 보는 것을 극도로 싫어하다 보니 작문과 독해 능력 그리고 말과 글로 의사소통하는 데 이전과는 다른 모습을 보이는 세대를 일컫는 말이다.[19]

솔직히 요즈음의 아이들을 보면 극소수의 천재적인그렇다. 솔직히 나의 아들들과 비교하면 분명 천재라고 볼 수 있는 엄청 똑똑한 아이들이 주위에 몇몇 있다. 어린 나이에 어찌 그리 책을 좋아하고 또 논리있게 말하는지 정말 신기할 정도다 아이들을 제외하고는 작문이나 말로 조리 있게 자신의 생각을 표현하는 능력이 떨어지는 아이들이 예전보다 많다.

한 신문기사에 소개된 2010년 서울 지역 초등학생들의 문장 이해 능력과 작문 실력 테스트 결과는 충격적이다. 전체 학생의 48.6%가 테스트용 지문의 내용을 이해하지 못했고, 문장을 제대로 쓰지도 못한 학생이 54.2%, 문단을 나누는 능력이 없는 학생이 87.9%에 달했다. 심지어 같은 조사에서 중학생의 경우 교실에서 책읽기를 시키면 더듬더듬 읽는 아이들이 전체의 반을 차지했다 한다.

왜 그렇게 되었을까? 그것은 이들이 자라면서 곧장 네트워크 세대에 편입되고 디지털 원주민으로 자랐기 때문이다. 이전 세대처럼 어느 정도 활자문화에 적응한 후 디지털 문화에 편입한 것이 아니라 인지능력이 생기면서부터 사이버 스페이스에 급속히 들어갔기 때문에 이런 일들이 생긴다.

이 책을 읽는 독자의 가정은 과연 어떨까? 내 자식은 아니겠지라고 말하고 싶을지도 모른다. 나도 그랬다. 그러나 솔직해지자. 밤낮 온라인 게임과 TV, 인터넷 채팅과 휴대폰 문자메시지, 댓글달기에 물든 우리 아이들은 이미 활자이탈 세대의 징후를 보인다.

그리고 이 활자이탈 세대는 그 세력을 확장하기 시작했다. 이 글을 읽는 부모 자신은 어떤가? 아이들에게 책 읽는 모습을 제대로 보여 준 적은 언제인가? 혹 컴퓨터에만 매달려 연예인 기사와 시시콜콜한 가십거리만 보고 있지는 않는가? 젊은 사람들만 인터넷, TV, 게임, 휴대폰에 중독된 것이 결코 아니다. 부모된 우리 역시 같이 중독되어 독해와 작문능력이 옛날과 다르다.

휴대전화를 놓고 나가면 왠지 안절부절 못하고, 하루라도 인터넷에 접속하지 않거나 이메일을 체크하지 않으면 세상과 단절된 듯 느끼는 사람들이 점점 많아진다. 그러면서 사람들의 사고방식과 언어생활은 점점 단편화되어 간다. 혹 활자이탈 현상이 우리 가정에도 급속이 일어나고 있지는 않은지 각자 체크해 보자. 전자 영지주의Electro Gnostic의 그림자가 어쩌면 우리 가정에도 벌써 드리워져 있을지도 모른다.

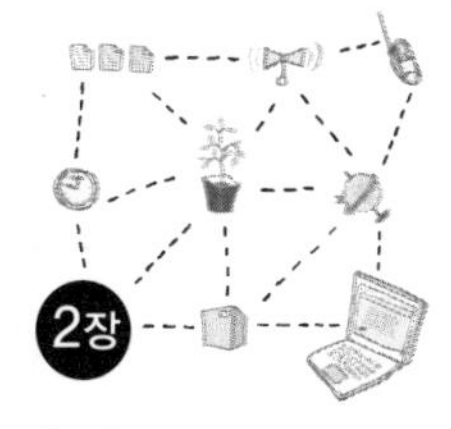

2장

아이들을 위협하는 사이버 중독과 게임 중독

사이버 중독의 유형 I

사이버 중독의 영토

오늘날의 사이버 스페이스는 단순히 컴퓨터에만 국한되어 존재하지 않는다. 다양한 유무선 통신방식으로 인터넷의 세계로 연결되는 디지털 기기들이 모두 사이버 스페이스로 들어가는 통로다.

2010년이 되면서 더욱 화두가 된 아이폰을 기점으로 한 첨단 스마트폰들, 위성 DMB와 GPS 기기들, MP3와 전자사전을 아우른 멀티미디어 기기들, 그리고 가정용 게임 콘솔 기기들 모두 다 사이버 스페이스로 들어가는 통로이자 또한 그 영토가 된다. 따라서 사이버 중독은 이 모든 기기들과 뗄래야 뗄 수 없는 관계에 있다.

WiFi 와이파이라는 무선랜을 일컫는 용어는 이제 대중들에게 너무나 익숙하다. 이 용어가 사람들에게 익숙하다는 의미는 그만큼 사람들이 어디에서든지 인터넷에 연결되기 원한다는 뜻이다. 아이폰과 같은 스마트폰들과 각종 멀티미디어 기기들이 인터넷에 연결된 것도 벌써 오래 전 일이다. 공공장소나 대중이 많이 모이는 곳 어디를 가든지 WiFi로 연결되어 실시간으로 뉴스를 검색하고 채팅을 하며 유튜브로 동영상을 받아볼 수 있다. DMB로 보는 TV는 식상하기까지 하다.

이제 세계 어느 곳에서나 손 안의 작은 창에 몰입되어 있는 사람들을 볼 수 있다. 여기에는 남녀노소 구분이 별로 없다. 한 가지 다른 점이라면, 청소년들의 경우 좀 더 손가락을 분주히 움직인다는 차이뿐이다. 문자 채팅에 있어서는 아무래도 그들이 지존至尊이다.

윌리엄 깁슨이 예견한 대로 이 사이버 세계는 정신의 비공간非空間 속을 누비는 빛의 화살들로 충만하다. 사람들의 시선과 정신이 몰입되는 그곳은 온갖 데이터로 충만한 성군과 성단의 세계인 동시에 공감각적 환상을 제공한다. 그곳은 세상 모든 데이터베이스의 뱅크bank이기도 하다.[17] 사이버 스페이스는 인류가 지금까지 쌓아온 모든 지식과 경험과 기술들이 한 데 어우러져 융합과 폭발을 거듭하는 미증유의 창조세계가 되었다.

애플 컴퓨터사의 CEO인 스티브 잡스는 2010년 아이패드를 세상에 내놓기 전에 이렇게 말했다.

"이것은 내 생애 가장 중요한 제품이 될 것입니다This will be the most important thing I've ever done."

그는 아이패드에 대해 '가장 중요한 것들 중의 하나' one of the most important things라고 언급하지 않았다. '가장 중요한 것' 이라고 말함으로써 아이패드가 열어갈 세상의 변화를 정확히 예측했다. 사실 아이패드 이전에도 태블릿 PC라는 것이 존재했고 MP3나 그와 유사한 멀티미디어 기기도 있었다. 그러나 정녕 아이패드는 새로운 패러다임을 우리에게 요구할 것이다.

아이패드와 같은 디지털 기기를 통해 사람들은 진정한 의미에서 손 안에서 웹서핑과 이메일, 소셜네트워킹SNS, 채팅을 즐기고 동영상, 음악, 게임과 같은 멀티미디어 콘텐츠를 폭발적으로 소비할 것이다. 뿐만 아니라 이 아이패드는 아이들의 교육프로그램을 들여와 공부도 가능하게 한다. 전자책은 마치 종이를 넘기듯 볼 수 있고 기존의 신문이나 방송도 대부분 이 안에서 실물처럼 볼 수 있다. 아이패드는 이제 미디어 혁명을 가져오는 도화선이 될 것이다. 세계적인 기업인 삼성전자가 갤럭시탭을 만들며 발 빠르게 아이패드를 추격하는 것도 그 다가올 미래를 똑같이 예측하기 때문이다.

세계적인 시장조사 기관인 가트너의 예측으로는 아이패드나 갤럭시탭, 태블릿의 성장을 2014년 '2억 8천만 대'까지 내다보았다. 이러한 기기들을 통해 사이버 스페이스는 사람들의 생활 가운데 깊숙이 파고들고 있다. 그리고 그 영역은 책상 위 모니터에 고정된 세계가 결코 아니며 일상의 동선을 함께한다. 그리고 … 사이버 중독 역시 그렇다.

사이버 중독에 걸린 한국
- 해로운 중독인가 새로운 적응인가?

일반적으로 중독은 단순히 의학 · 화학적 의미에서 약물이나 독극물에 의한 중독intoxication만을 의미하지 않는다. 현대 의학은 마약, 담배, 알코올과 같은 향정신성 약물에 대한 것은 물론, 어떤 행동이나 활동, 관심, 운동, 사람이나 사물에 대해 정신적으로 과도하게 집착하고 몰입하는 것addiction도 포함시키고 있다.

특히 개인주의가 심화되고 다원화된 사회에서 과도한 스트레스와 소외에 시달리는 현대인들의 중독은 점점 더 그 양상이 다양해지고 정도도 심해져 간다. 일이나 취미, 약물, 활동 등 자신만의 방법으로 한 가지에 몰입할 때, 그것을 중독된 증세라고 말할 수 있다. 더욱이 극단적인 몰입은 필연적으로 개인의 정신적 · 육체적 건강을 해치는 차원에 머무르지 않고 제때 치유하지 못할 경우 타인은 물론 사회에도 심각한 해를 끼치는 사회병리적 현상을 가져올 수 있다. 이것이 바로 해로운 중독intoxicated addiction의 모습이다.

그 중에서 가상 세계에 몰입하는 사이버 중독은 이전에는 없던, 이 시대에 나타난 새로운 중독 현상이다. 사람들은 이것을 새로운 시대에 필요한 적응 현상으로 봐야 할지, 해로운 중독으로 봐야 할지 갈림길에 서 있다. 그러나 단순히 하이테크 기술발달에 따른 적응 현상으로 보기에는 너무나 심각한 양상들이 이미 세계

곳곳에서 나타나고 있다. 특히 한국은 세계 어느 나라보다 이 중독에 상당히 취약한 징후를 보인다.

그 이유에 대해서 사람들은 흔히 한국이 세계적인 스트레스 강국이자 감정적으로 쉽게 열정적이 되는 성격 때문이라고 말한다. 앞 장에서 CNN 뉴스가 밝힌 내용도 그런 맥락에서다. 한국인 특유의 열정과 몰입하는 성격은 즉각적이고 자극적인 사이버 세계와 궁합이 잘 맞다. 거기에 기술적으로 우월한 한국의 인터넷 환경과 잘 발달된 IT · 컴퓨터 환경이 여기에 큰 몫을 하고 있다고 생각한다. 즉 쉽게 중독될 수 있는 환경과 여건이 모두 잘 갖춰져 있는 것이다. 이 모든 원인들이 한국인의 사이버 중독을 확산시킨다고 볼 수 있다.

이제 한국에서 컴퓨터 중독, 인터넷 중독, 게임 중독, 온라인 게임 열풍, PC방 열풍 같은 말들은 흔히 들을 수 있는 용어다. 그런데 사이버 중독이 10대나 어린 학생들 혹은 일부 계층에만 한정된 것이 아니라는 사실이 무엇보다 주의를 끈다. 최근 일어나는 인터넷 게임 중독 사건들은 오히려 성인들에 의한 것이 더 많다. 바로 앞 장에서 말한 네트워크 세대의 확장 때문이다.

한국 사회의 인터넷 중독은 어떤 특정 서비스, 예컨대 게임이나 포르노그라피 같은 영역에만 한정되지 않는다. 현실에서 보여지는 중독 증상은 보다 더 광범위하다. 게임 중독, 인터넷쇼핑 중독, HTS 중독Home Trading System, 사이버 주식거래, 웹서핑 중독, 블로깅 중독, 인터넷 포르노그라피 중독 등 끝없이 나열할 수 있다. 이것이 모두 사이버 중독cyber addiction의 모습들이다.

사이버 중독이 병인지 아닌지에 대해서는 논란이 많다. 객관적이며 학술적인 타당성은 아직 학계에서조차 정설로 완전히 규명되지 않았다. 하지만 2007년 11월에 보도된 New York Times의 기사를 참고하면 적어도 한국이 사이버 중독에 걸린 대표적인 사회라는 것은 부정할 수 없다. 그 기사의 내용은 다음과 같다.

1) 2007년 말 한국 정부의 지원으로 청소년 인터넷 중독 치료 캠프가 설치 운영되었다. 전 세계적으로 인터넷 중독을 치료하기 위한 캠프를 운영하는 나라는 한국이 처음이다.

2) 현재 한국 정부의 지원을 받은 100여 개의 병원에서 인터넷 중독 치료 프로그램을 시행 중이며, 140여 개의 인터넷 중독 상담 센터가 있다.

3) 한국의 18세 이하 청소년의 30%240만 명가 인터넷 중독 위험에 놓여 있다. - 한양대학교 아동심리학과 안동현 교수 · 정부지원 3년 project 연구발표아직 중독되었다는 의미가 아닌 잠재 위험군 숫자다.

4) 2007년 9월에 인터넷 중독 치료 심포지움을 세계 최초로 열었다.[18]

이 네 가지 사실만 보더라도 사이버 중독은 한국에 실재하는 심각한 사회문제다.

최근 CNN이 기사화한 대로 한국은 지난 10년간 이 문제로 골머리를 앓아 왔다.[19] 2010년에 발표된 공식적인 통계에 따르면 한국의 인터넷 중독 인구는 200만 명에 이른다이 수치는 2008년 말 통계

자료를 근거로 한다.[20] 어린이와 노약자를 제외하면 이 수치는 더욱 실감나게 다가온다. 더욱이 공식적인 통계라는 말은 비공식적으로는 더 많다는 의미다. 즉 스스로 중독이라고 자각하지 못하는 사람이 잠재된 숫자로 숨어 있는 것이다.

물론 사이버 중독은 한국만의 문제는 아니다. 2009년 영국은 도박과 알코올 중독을 전담하는 의료시설에서 온라인 게임 중독 치료 코스를 신설하였다. 그 치료 코스에는 비디오를 통한 치료를 비롯해 12가지 프로그램이 포함되어 있다. 그곳의 책임자는 이렇게 말했다.

"게임 중독자들이 무조건 접속하지 못하게 해서는 소용 없어요. 환자가 자신의 문제를 깨달을 수 있는 계기를 만들어 줘야 합니다."

맞는 말이다. 깨달을 수 있는 계기를 만들어 주어야 한다. 그러기 위해서는 그 원인을 알아야 한다. 어렵지만, 모든 치료의 출발점이 여기에 있기 때문이다.

중독을 진단하라

인터넷을 통한 웹서핑과 온라인 게임, 주식 투자와 블로깅 등 모든 사이버 활동들이 주는 매력 중의 하나는 사람들로 하여금 자신이 무엇인가를 통제할 수 있다는 쾌감을 갖게 하는 것이다. 컴퓨터에 직접 입력하며 명령함으로써 그것이 반응하는 것을 보며 현실 세계와는 다른 통제감을 느낄 수 있다. 즉 마음대로 컴퓨터를 끄거나 대기 상태로 둘 수 있고, 인터넷에 접속한 상태에서 커뮤니케이션의 속도를 통제할 수도 있다. 또 원할 때 사람들을 만나거나 관계를 끊고 잠적할 수도 있다.

그러나 이러한 컴퓨터와 인터넷 연결의 속성은 차츰 자제력이 부족하고 중독에 약한 개인에게 잘못된 통제 인식을 심어 줄 수 있다.[21] 사이버 중독은 취약한 개인에게 한 순간에 나타나는 것이 아니라 서서히 습관적인 인식과 행동을 심어 주고 차츰 그 세계에 몰입하게 만든다.

「영화와 영성」에서 로버트 존스톤은 영화라는 매체에 신학적으로 반응하는 다섯 가지 방식을 설명하였다. 나는 사람들이 컴퓨터와 인터넷이라는 새로운 사이버 세상을 접하고 그것을 인식할 때 취하는 반응들 역시 그와 비슷하다고 생각한다. 그 유형들은 회피avoidance, 경계caution, 대화dialogue 혹은 communication, 수용appropriation, 그리고 신적인 만남divine encounter 등의 반응 혹은 단계들이다.

컴퓨터와 인터넷이라는 신기술에 반응하는 기성세대 혹은 디지털 문맹디지털 이주민들도 대부분 이 다섯 가지 카테고리 중 하나에 속한 행동을 취한다. 즉 막연히 두려워하고 거부하거나회피, 머뭇거리며 주저하다가 더듬더듬 친숙해지려는 단계경계, 이어서 적극적이든 소극적이든 어떤 행태로든 그것을 수용하고 이용하다가 대화와 수용, 마침내 경지에 도달하면 신세대나 디지털 원주민처럼 그 세계의 묘미를 탐닉하듯 즐기게 된다종교적 만남.

네트워크 세대들은 기성세대와는 다르게 앞의 두 단계를 뛰어넘어 사이버 세상과의 대화를 스스럼없이 시도하고 수용하며 곧 그 세계에서 빠르게 자아실현을 도모한다. 폴 클라우니가 말한 것처럼 지나치게 그 세계에 빠져 종교적인 체험으로까지 가는 사이버 중독은 일렉트로 그노스틱Electro Gnostic으로서, 개인을 현실과 동떨어지게 만들어 예기치 못한 사회문제를 일으킬 가능성이 높다. 그러므로 어느 정도까지 허용할지 심각하게 고려해야만 한다.

그렇다면 중독은 어떤 상태를 말하는가? 개인마다 차이는 있겠지만 어른, 아이 구분 없이 다음과 같은 증상이 나타나면 심각하게 사이버 중독을 의심할 수 있다.[22]

나는 사이버 중독인가?

몰입 | 인터넷과 컴퓨터혹은 아이팟과 같은 다른 종류의 디지털 기기에 접속하고 싶은 생각이 떠나지 않는다. 인터넷 서핑과 컴퓨터를 사용하는 중에는 다른 어떤 것도 끼어들 여지가 없다.

내성 | 아무리 사이버 스페이스를 돌아다니고 인터넷을 서핑해도 지치지 않고 계속할 수 있다. 자신이 얼마나 깊이 빠져 있는지 자각하지 못한다.

자제력 상실 | 식사도 거르고, 숙제도, 일도 하지 않고 사람도 만나지 않은 채 사이버 세상에서 산다. 자의든 타의든 문제점을

인식해도 통제가 되지 않는다.

금단증상 | 이메일 체크나 게임 등 인터넷이나 컴퓨터에 접속하지 않으면 불안하고 초조하며 안절부절 못한다. 하루라도 인터넷에 접속하지 않으면 생활이 안 된다.

과다한 사용시간 | 자기 자신도 모르게 생활의 대부분을 컴퓨터와 인터넷 세상에 빠져 있다. 스스로 약속하거나 부모와 결단한 사용시간을 훌쩍 넘겨 오래 사용한다.

기능장애 | 인터넷과 컴퓨터 사용으로 학교, 직장, 가정, 사회관계에 문제가 생긴다.

은폐 | 자신의 컴퓨터 · 인터넷 사용을 다른 사람에게 숨겨야만 한다.

도피 | 모든 고민과 문제에서 벗어나기 위해 컴퓨터 앞에 앉는다.

개리 스몰 박사가 분류한 이 일곱 가지 진단 척도는 사이버 중독에 빠진 사람들에게 예외 없이 나타나는 현상이며 나이와 세대 구분 없이 적용할 수 있는 기준이다.

스트레스가 중독을 만든다

예전에 회사 업무를 보러 수원의 거래처를 방문할 일이 많았다. 그런데 그 거래처가 있던 빌딩의 4층에 PC방이 있어서 오후에 방문하면 엘리베이터는 늘 PC방으로 가는 청소년들로 붐볐다. 교복을 꽉 끼게 입고 애써 불량끼를 풍기려는 어린 여중생부터 더벅머리 남자 고등학생까지 끼리끼리 몰려 탈 때가 많았다.

그런데 아이들은 엘리베이터를 타기 전부터나 타고 난 뒤에나 모두 예외 없이 똑같은 행동을 한 가지 한다. 바로 휴대폰을 쉼 없이 만지작거리는 것이다. 문자를 보내고, 게임을 하고, 그 좁은 곳에서 사진도 찍고, … 그 짧은 시간에 온갖 일을 다 한다. 그러면서 알지 못하는 언어들로 끊임없이 수다를 떤다. 이럴 때 나는 낯선 이방인이 되어 구석에 몰리곤 했다.

어쩌다 덩치 큰 놈들이 험한 말로 분위기를 써늘하게 만들면 어른들은 말없이 한 구석에 서 있어야 했다.

"머리에 피도 안 마른 것들이 어른은 안중에도 없구 …."

그렇게 말하고 싶은 표정을 애써 숨기며 겉으로는 그저 묵묵히 무게 잡고 서 있는 어른들 모습이 한편으론 우습게 보이기도 했다. 아이들은 그러나 여전히 귀여웠다. 공부에 찌든 그들의 생활을 알기에 한편으로는 오히려 안쓰러웠다.

한 번은 똘똘해 보이는 중학생 아이들이 타길래 물어 본 적이 있다.

"너희 몇 학년이야?"

"중1이요."

"PC방에서는 무슨 게임 하니?"

"메이플 스토리요."

"써든 어택이요."

"카트라이더요."

녀석들이 우루루 대답했다.

"야, 써든은 미성년자 안 되는 것 아냐?"

"에이~ 아저씨는, 15세가예요~."

"넌 15세 안 됐잖어~."

"그래도, 다 해요." 한 녀석이 시큰둥하게 말했다.

흠, 법과 현실의 괴리다 …. -_-;; 피가 많이 보이는 게임이던데 ….

"PC방에 오래 있으면 안 좋아. 오래 하지 마~."

"오래 못 해요. 학원 가야 해요." 다른 녀석이 대답했다.

"아, 졸라 짜증나. 난 오늘 보충이라서 밤늦게까지 공부해야 돼."

또 다른 아이가 진짜 짜증난 목소리로 말했다.

"나쁜 말은 쓰지 마."라고 말하니

"뭐가요? …"

생뚱맞다는 표정으로 대답하고는 곧 엘리베이터에서 내렸다.

그 중1 학생들은 방과후에 PC방에 잠시 들렀다 곧바로 학원에 간다. 그리고 늦게까지 학원 숙제를 하고 잠자리에 들 것이다. 중2는 더 심하고 중3부터는 아예 고등학생과 별 차이 없이 공부할 것이다. 그런 아이들에게 PC방에 가는 것과 그곳에서 즐기는 온라인 게임은 어쩌면 유일한 탈출구이자 놀이가 아닐까.

하지만 그곳에서 친구들 간의 대화는 별로 없다. 오직 게임에 열중할 뿐이다. 자연과 분리된 막힌 공간 속에 모니터만 반짝이는 곳, 그 밀폐된 공간에서 아이들은 자기들만의 세계를 구축한다. 이것을 만류할 별다른 대안도 없을 뿐더러 그것마저 막으면 아이들의 스트레스가 극도로 커질 것을 알기에 대부분의 부모들이 어느 정도 허용한다. 나도 그랬다. 여느 부모들처럼 아이들에게 PC방 출입을 어느 정도 허용했었다. 최신 팬티엄급과 듀얼코어 컴퓨터가 집에 4대나 있었는데도 말이다.

한국 청소년들의 스트레스

'노르에피네프린'이란 말을 신문 칼럼에서 읽은 적이 있다. 뭘, 이런 어려운 말이 있나 싶어 인터넷을 검색해 보니 노르아드레날린이라고 불리는 신경전달물질이란다. 흔히 '엔돌핀'이라 불리는 호르몬과 반대되는 역할을 한다. 아~, 엔돌핀은 들어 봤는데 …. 그런데도 머릿속에 딱 정리가 되지 않아 계속 읽었다.

노르에피네프린은 기억을 일깨우고 신경을 자극하여 각성하게 만드는 호르몬이다. 적당량의 호르몬은 필수적이지만 늘 그렇듯이 과도하게 많으면 해가 된다. 칼럼에 의하면 이 호르몬은 스트레스가 증가하면 같이 증가하여 특히 뇌의 전두엽과 인지기능에 심각한 악영향을 미친다. 10대 청소년들의 경우 부모들이 과도하게 공부를 강요하거나, 게임한다고, 성적이 떨어진다고 꾸중

하면 스트레스를 많이 받는데, 이때 노르에피네프린이 증가하여 한창 뇌가 성숙해야 하는 10대 때 전두엽과 인지기능이 심각한 영향을 받는다는 것이다. 헉~! 이젠 아이들에게 공부하라고 강요도 제대로 못할 것 같았다. 말을 안 들으면 야단은 어떻게 치지? 계속해 읽었다.

전두엽의 활성은 나이에 비례한다. 또한 전두엽의 성장은 참을성이나 책임감과도 직결된다. 즉 성인으로 성숙해 가는 필수요소다. 그런데 기사에 따르면 청소년들이 과도한 스트레스에 치여 뇌가 미성숙해질 때, 정상적인 인내심이나 책임감이 결여된 성인으로 자라는 경우가 많다고 한다. 요즘 젊은이들의 방황과 아픔뿐 아니라 자살 현상까지 단번에 설명되는 기사였다.

한국 중고생들의 스트레스 수준은 세계에서 유래를 찾아볼 수 없을 정도다. 물론 어느 나라든지 엘리트를 지향하는 계층의 자녀들이나 일류 사립학교 학생들도 공부에 대한 스트레스는 있다. 하지만 우리와는 환경이나 여건이 다르므로 공부라는 항목 하나만 가지고 단순 비교해서는 안 될 것이다. 문제는 한국의 경우 학생들 '대부분'이 학업 스트레스에 치여 있다는 것이다. 공부를 잘하건 못하건 구분 없이 말이다. 그러므로 자타가 공인하는 세계 최고 수준의 스트레스를 받는 한국 청소년들의 정서발달 장애는 알게 모르게 심각한 수준에 이르렀을 것으로 짐작된다.

우리 아이들은 오로지 대학을 목표로 공부하기에 올바른 인성교육이나 정서함양과는 거리가 먼 주입식 교육에 눌려 영혼이 성숙할 기회는 잃어버리고 있다. 다 커서 들어간 대학에서는 입시지옥에서 벗어난 해방감에 건성으로 학문을 익히거나, 공부를 하되 취업을 위한 공부에 또다시 매달린다. 또한 자신의 정체성을 고민하고 찾아야 할 시기에 대학이라는 목표로 친구들과 경쟁하며 공부만 하다 보니 정작 공부에 몰두해야 할 대학에서 청소년기의 방황이 시작되는 것이다. 이것이 한국 사회의 주류를 형성하는 젊은이들의 초상이다. 그래서 그들의 영혼은 늘 목마르다.

그러므로 현실이 힘겨워 자살을 선택하거나 방황하는 젊은이들을 보며 그들의 옅은 인내심이나 책임감 부족만을 탓해서는 안 된다. 먼저 그 원인부터 세심히 따질 필요가 있다. 단순히 사회병리학적인 현상이라고 치부하기엔 뭔가 부족하지 않은가. 우리의 아이들이 게임에 몰입할 수밖에 없는 현실적인 놀이문화의 부재, 스트레스를 해소하기 위해 어딘가 가고 싶어도 갈 데 없는 환경적 제한, 공교육이 제 기능을 잃어 사교육을 의지할 수밖에 없는 시스템, 이 모든 사회 문화적 여건이 그들을 몰아붙인다. 빛나야만 하는 인생시기가 콘크리트 벽과 회색빛 교실에 갇혀 있다 물론 기성세대들도 과거 어렸을 적 스트레스를 받았겠지만 지금과는 비교할 수 있는 기준 자체가 다르다.

상위 10%의 학생들 외에는 수업시간에 졸기만 한다는 일선 교사의 푸념은 서글프지만 부인할 수 없는 현실이다. 학교보다 방과후 학원에서의 공부를 더 독려하고, 새벽 1~2시의 학원 귀가를 안타깝지만 어쩔 수 없는 선택이라 여기며, 공부가 잠보다 우선한다고 무의식적으로 가르치는 한국 부모들,[23] 그리고 그 모습을 당연시하는 한국 사회에서 아이들이 야행성인 것은 어쩌면 당연한 일이다. 그러나 이른 아침 눈 비비며 현관문을 나서는 아이들의 굽은 등을 이 시대 한국 부모들은 왜 당연한 듯 보아야 하는가? 안쓰러워 마음 아파하면서도 모두 그렇게 산다고들 말한다. 그리고 이것이 싫은 사람들은 조기유학이나 이민 혹은 대안학교를 찾는다. 아예 성적을 비관하여 자살하는 아이들 기사는 유독 한국에서 더 심하다. 그렇게 우리 십대들이 병들어 간다.

스트레스, 죽음에 이르는 병

아이들만 위험에 내몰린 것은 아니다. 보건복지부의 발표에 의하면 우리나라의 자살 사망률은 인구 10만 명당 24.3명2008년 통계으로 OECD경제협력개발기구 국가 중에 가장 높은 것으로 나타났다. 한국에 이어 헝가리 21명, 일본 19.4명, 핀란드 16.7명, 벨기에 15.8명, 프랑스 14.2명 순이다.[24] 2008년 자살 사망자 수는 전년1만 2174명 대비 5.6% 증가한 1만 2858명으로 하루 평균 35.1명이 자살한 것이다.

우리는 흔히 한국의 자살자들이 유명 연예인이나, 취업난과 학업 스트레스를 견디지 못하는 10~20대들이라고 생각하기 쉽다. 혹은 갱년기 우울증을 앓는 중년 여성들이나 연약한 젊은 여성 집단이라고 오해하기도 한다. 그러나 사실 한국을 자살 1위국으로 만드는 데 결정적인 역할을 한 이들은 다름 아닌 40~60대 중년 남성들이다.[25] 우리 시대의 침묵하는 아버지들은 하루 평균 12명씩 목숨을 끊는다. 한국 사회에서 아버지 세대가 어느 연령대에 비해서도 두꺼운 자살 벨트를 형성하고 있다. 왜 그럴까? 스트레스를 해소하거나 이길 대안이 부족해서일까?

사회변화가 빠를수록 중년층의 소외는 더욱 가속화되는데, 물질적인 풍요 속에서 자란 지금의 20~30대들이 중년이 되는 시기에 그 심각성은 더할 수 있다고 전문가들은 조심스레 예측한다.

모두 다 전두엽의 발달장애로 인한 것은 아닐까? 알 수 없다. 그러나 한 가지 분명한 사실은 CNN 방송이 밝힌 것처럼 한국인들의 스트레스 수치가 세계 어느 나라보다 높다는 점이다. 이는 자타가 인정하는 사실이다. 인정하기 싫지만 스트레스는 죽음에 이르는 병, 자살을 부추긴다. 노르에피네프린을 자꾸 생각나게 만드는 현실이다.

마약 같은 온라인 게임 중독

큰아들 녀석이 중학생이 되어서 가장 열받아 했던 것은 자신의 온라인 게임 캐릭터가 해킹 당했을 때였다. 그럴 때마다 나는 상상을 초월하는 아들의 폭력적인 분노 표출에 너무나 놀랐다. 어린 마음에 당한 그 쇼크를 이해는 하면서도 솔직히 수용하기는 힘들었다. 녀석만큼 온라인 게임을 즐기지 않았기 때문에 이해하기 더 힘들었을지도 모른다. 나는 아이의 쇼크에 놀라고, 그 캐릭터를 키우기 위해 얼마나 많은 돈이 지출되었는지를 들었을 때 더 놀라고 말았다. 그리고 녀석이 조만간 그 돈만큼 결국 또 지출할 것을 생각하면 속이 쓰렸다. 보나마나 또 캐릭터를 키울 것이기 때문이었다. 게임을 관두지 않는 한 말이다.

엄청 혼나면서도 잘 고쳐지지 않는 것이 바로 온라인 게임 중독이었다. 이제는 지나간 이야기라서 이렇게나마 쓸 수 있지만지금도 아들의 게임 중독이 100% 치유되었는지 아직 미심쩍기는 하다, 그때는 정말 … 고민이었다. 아들의 게임 중독을 치유하기 위한 노력은 힘들었다. 그러나 꼭 해야 할 일이었고, 또 가능한 일이리라 믿는다.

흔히 사람들은 온라인 게임 중독을 사이버 중독의 가장 대표적인 케이스로 지목한다. 그런데 한국의 온라인 게임 역사는 사실 그렇게 오래 되지 않았다. 내가 기억하는 한 한국에서의 본격적인 온라인 게임 시대는 1998년 이후 폭발적으로 성장한 PC방 사업 환경과 스타크래프트Starcraft라는 실시간 시뮬레이션 게임의 인기에서 시작된다. 그 후 더욱 진화된 형태의 MMORPG 게임Massive Multiplayer Online Role Playing Game, 다중사용자 온라인 롤플레잉 게임인 리니지, WOW월드오브워크래프트와 같은 게임이 현존하는 온라인 게임 중독의 토양이 된다.

지금도 셀 수 없이 많은 온라인 게임들이 새롭게 등장하고 있을 뿐만 아니라 대부분 더 중독성이 강하고 폭력적인 내용으로 만들어질 가능성이 크다는 점에서 게임 중독의 문제는 더욱더 심각해졌다.

게임의 역사

온라인 게임의 역사는 2차 세계대전이 끝난 후부터 시작된다. 미국 브룩헤이븐연구소에서 일하던 핵물리학자 윌리엄 히긴보섬이 견학 오는 사람들을 위해 1958년 '테니스 포 투' Tennis for Two라는 온라인 게임을 처음 만들었다.[26] 이것은 핵 개발용 아날로그 컴퓨터를 이용해서 만든 최초의 게임으로서 모든 온라인 게임의 원조다.

● 이렇듯 온라인 게임에 빠져드는 이유는, 온라인 게임이 사용자들이 가상 현실인 사이버 스페이스가 실제 생활보다 더 흥미롭다고 느끼도록 만들어졌기 때문이다. 재미있고 시간이 많이 걸리는 구조라 더욱더 유저들로 하여금 현실과 분리되게 만든다.

무기 개발용 컴퓨터로 게임을 만들었다는 것은 어떤 의미에서는 정말 보람찬 일이다. 우스갯소리로 프로그래머들 사이에선 어떻게 하면 더 재미난 게임을 만들고 즐길 것인지 고민하고 연구하는 작업이 프로그래밍 실력을 향상시키고 현재의 모든 컴퓨터 프로그램의 발전동기가 된다는 이야기가 회자된다. 허풍 같지만 일견 매우 타당성 있는 이야기다. 이는 컴퓨터 그래픽의 발전만 봐도 그렇다.

그 후 대중적인 인기를 얻은 실질적인 게임은 1972년 놀런 부시넬이 세운 최초의 비디오게임 회사 아타리에서 만든 '퐁'이다.

이것은 흑백 화면에서 막대를 위아래로 움직여 공을 치는 게임으로, 당시 한 해 20억 달러의 매출을 올렸다. 온라인 게임의 첫 세대는 누구나 그와 유사한 게임을 경험해 봤을 것이다. 이후 온라인 게임은 비약적인 성장을 하며 지금에 이르렀다.

나 역시 어렸을 적에 전자오락실에서 아케이드 게임[27]을 무척 즐겼다. 그 경험이 아이들이 게임하는 것을 강력히 제제하지 못하는 아킬레스건이다. 어렸을 적 나는 친구 집에서 밤새워 공부한 적이 많았다. 정말이다. 밤새워!! 공부했다. 비록 공부하기 전에 머리를 조금 식힌다는 핑계로 밤 11시가 넘도록 오락실에서 뿅뿅뿅 스위치를 미친 듯이 눌렀지만 말이다.

그 당시 우리들은 50원짜리 동전을 수북히 일렬로 앞에 쌓아 놓고서 미친 듯이 게임을 했다. 친구와 나는 오락실에서 유행하는 모든 게임의 마지막 스테이지까지 기어코 가 보곤 했다. 우리의 불타는 승부욕 내지 성취욕은 피 같이 귀한 용돈을 게임기의 동전 투입구에 투자하게 만들었다. 그래서 1942라든가, 제비우스, 보글보글, 갤럭시 등의 게임들을 모두 최단 시간에 돌파했다. 동네 오락실 주인에게 우린 분명 봉이었을 것이다 이런 면에서는 부전자전이 좋지 않다^^.

그러한 모든 게임들이 컴퓨터 그래픽 기술의 발달과 인터넷의 발전으로 이제는 온라인의 세계로 넘어왔다. 현재 온라인 게임의 주류가 된 MMORPG 게임은 주인공이 된 사용자가 온라인 상에서 불특정 다수의 유저들과 함께 협력하며 그룹을 만들어 즐기는 게임이다. 게임 속에서 개인은 독립된 한 인격체로 존재하며, 각자의 역할 분담을 통해 가상 세계에서 적을 공격하거나 성을 탈환하며 미션혹은 퀘스트을 수행한다.

이러한 게임들은 대부분 임무 수행에 따라 다양한 보상이 주어지는 시스템을 가지고 있다. 그 보상은 게임 속 개인의 지위 상승변화과 가상 머니캐쉬, 아이템 취득, 포인트 획득 등 여러 가지로 형태로 주어진다. 더욱이 이러한 보상이 이제는 가상 세계에만 머물지 않고 실생활에서 현금거래나 동호회 활동으로 이어지기도 한다. 큰아들 유빈이가 게임 해킹 사건 때 분노를 폭발한 것도 그와 같은 아이템들을 도난 당한 사실 때문이었다. 그것들을 위해 쏟아 부은 정열과 시간, 돈, 그 모든 수고에 대한 상실감이 엄청났을 것이다.

이렇듯 온라인 게임에 빠져드는 이유는, 온라인 게임이 사용자들이 가상 현실인 사이버 스페이스가 실제 생활보다 더 흥미롭다고 느끼도록 만들어졌기 때문이다. 재미있고 시간이 많이 걸리는 구조라 더욱더 유저들로 하여금 현실과 분리되게 만든다. 플레이에 빠지면 밥 먹을 시간도, 공부할 시간도, 화장실 갈 시간도 없다. 친구를 만나는 것보다 게임이 더 재미있다. 그래서 PC방에서 친구를 만나도 대화 없이 서로 게임에만 열중하게 된다.

더욱이 게임은 이제 단순히 오락의 범위를 넘어서 최신 컴퓨터 기술과 디자인, 그리고 고유의 가치체계가 녹아든 문화 콘텐츠로서의 상징까지 거머쥐었다. 이는 한국정보화진흥원에서 매년 보고하는 한국의 정보산업시장 동향만 봐도 그렇다. 특히 규모 면에서도 엄청난데, 2009년 국가정보화백서에 따르면 2007년 말 한국의 게임 산업 규모는 5조1천억 원이나 된다. 그 가운데 온라인 게임이 2조2천억 원의 규모를 차지하는데[28] 해외 수출액만도 7억 달러에 달한다. 갈수록 온라인 게임과 모바일 게임을 제외한 다른 게임 산업들아케이드 게임, PC 게임, 비디오 게임이 마이너스 성장을 하는 것도 온라인 게임의 위상을 설명하는 지표가 된다.

물론 '바다 이야기'와 같은 사행성 아케이드 게임의 성장은 예외라고 볼 수 있다. 그러나 2005년 발생한 바다 이야기 사태 이후 이것 역시 줄어들었다참고로 그때의 전체 게임시장 규모는 8조 6천억 원이었다. 도박은 역시 무서운 힘을 지녔다. 온라인 게임의 주 소비층이 게임 특성상 10대 청소년과 20대의 젊은층이 대부분이던 것이 점차 그 연령층이 넓어지고 있는데, 고스톱이나 포커와 같은 사행성 게임이나 다양한 슈팅게임의 인기가 바로 그것을 증명한다.

지금은 어떨지 모르지만 한때 한국에서는 정부가 나서서 게임 산업을 육성한 적이 있다. 콘텐츠 산업의 일환으로 지원 자금과 계발 지원까지 아끼지 않았다. 그러나 자본주의 원리로 접근한 이 지원책이 이제 사회 문제를 일으키는 부메랑으로 돌아온 느낌을 지울 수 없다. 어떻게 보면 소탐대실小貪大失이 아닐까 우려되기도 한다. 이는 게임 중독이라는 사회 문제를 어떻게 지혜롭게 풀어나가느냐에 그 마지막 평가가 달렸다고 본다.

게임 중독의 결과들

요즘 대형병원에는 가끔 PC방에서 게임을 하다 응급실로 이송되는 환자들이 있다고 한다. 의료진이 제출한 논문 내용을 소개한 기사 또한 나를 놀라게 했다. 장시간의 온라인 게임이 혈전 용해술을 시행할 만큼 대량의 폐색전증을 일으킬 수 있다는 것이다. 아예 움직이지 않고 피가 안 통할 만큼 그 자리에서 쭉 앉아 있다가 굳어진 몸으로 병원에 온다는 말이다. 이 지경이면 온라인 게임 중독은 생명까지 담보로 한다고 하겠다.

그런데 문제는 집에서 주로 혼자 혹은 여럿이 즐기던 비디오 콘솔게임 조차도 이제는 모두 인터넷에 접속할 수 있다는 사실이다. MS의 X-Box Live게임과 Sony의 PS 2, 3의 온라인 게임화가 바로 그렇다. PC방뿐 아니라 집에서도 꼼짝 않고 제자리를 지키게 하는 온라인 게임의 강제성은 더욱더 크게 발현될 것이다.

● 또한 게임에 자주 노출되면 남을 이유 없이 폭행하면서도 자신의 행동이 왜 잘못되었는지, 남을 때리면 어떤 결과를 초래하는지 깨닫지 못하는 경우가 생긴다.

2005년 10월 10일자 BBC News는 중국에서 발생하고 있는 온라인 채팅과 게임 중독 사례를 상세히 소개했다. 학교도 가지 않고 온라인 게임과 채팅에 너무 몰입해 있던 21세 중국인 왕밍은 스스로를 제어할 수 없어 결국 전문 치료 상담사를 찾았다.[29] 같은 기사에서 중국의 태오 란 박사가 밝힌 사실은 우리를 더 놀라게 한다. 매일 2천만 명의 중국은 역시 머릿수가 크다. 2천, 2백만도 아닌 2천만 명이다 중국 젊은이들이 온라인 게임이나 채팅에 빠지고 있다는 것이다. 2천만 명이라면 한국 인구의 절반이나 된다. 그만큼 중국의 인터넷 중독 또한 심각하다는 이야기다.

같은 해 8월 한국에서는 28세의 젊은이가 게임 때문에 죽었다. PC방에서 며칠간 쉬지 않고 온라인 게임인 스타크래프트에 빠져 게임하다 사망한 것이다. 먹지도 자지도 않고 몰입한 탓이다. 또한 러시아에서는 한국의 리니지2 게임을 즐기던 유저들이 가상 세계에서의 대결을 현실로 끌고 와 결국 살인 사건으로까지 번졌다.[30]

이러한 사건들은 모두 온라인 게임에 지나치게 몰입해 개인의 생명을 해치고 사회적인 범죄까지 양산한 케이스다. 문제는 이런 일들이 전세계적으로 점점 더 늘어나고 있고 사회문제화되고 있다는 점이다. 앞서 말한 인터넷 · 컴퓨터 중독치료센터, 게임 중독 클리닉이 세계 여러 나라에서 증가하는 추세고, 또한 전 세계가 게임 중독에 대한 정신의학적, 심리학적 연구에 노력을 기울이는 현실은 그만큼 온라인 게임 중독이 사회에 미치는 폐해가 죽음을 불러올 만큼 심각하다는 것을 반영한다.

또한 온라인 게임 중독이 위험할 수 있는 것은 게임을 하다가 본능에 잠재된 공격성이 분출될 수 있기 때문이다. 아이들은 게임을 하는 상대방 캐릭터를 공격하거나, 온라인에서 제3자를 대상으로 욕설을 퍼부으면 마치 마약을 한 것처럼 현실의 불안감이나 우울증이 사라지고 기분이 좋아지는 것을 느낀다. 고대안암병원

정신과의 이민수 교수는 온라인 게임이 현실에 가져오는 폭력성에 대해서 분석하면서 이러한 현상을 마약중독에까지 비유했다. 실제로 분당 서울대병원 핵의학과 김상은 교수팀은 인터넷 게임 중독자와 마약 중독자의 뇌를 PET양전자방출단층촬영로 검사한 결과 전두엽 등 뇌의 비슷한 부위가 활성화되었다고 밝혔다이에 대한 자세한 내용은 이 장의 마지막 부분에서 상세히 설명한다.[31]

그뿐만이 아니다. 전문가들은 어린이들이 TV나 게임 등 영상에 과도하게 노출될 경우 정상적인 사고思考 훈련을 방해받는다고 지적한다. 그 결과 책 읽기를 게을리해 뇌 발달이 지체될 뿐 아니라, 충동적이고 우발적인 행동을 자주 하게 된다. 독서는 한 단계 높은 고차원적 사고인 '메타인지'[32]를 가능하게 하기 때문에 사고력을 발달시키기에 좋은 방법이다. 그런데 만일 아이들이 독서를 기피하고 게임처럼 강한 자극에 압도되면 메타인지를 할 여유가 사라지고 우발적 행동을 하게 되는 것이다.

또한 게임에 자주 노출되면 남을 이유 없이 폭행하면서도 자신의 행동이 왜 잘못되었는지, 남을 때리면 어떤 결과를 초래하는지 깨닫지 못하는 경우가 생긴다. 이는 아이들이 자극적인 게임에 익숙해져 정상적인 사고훈련을 하지 못하기 때문이라고 전문가들은 밝히고 있다.[33]

게임에 중독되는 세 가지 원인

그렇다면 왜 온라인 게임에 중독될까? 그냥 게임일 뿐인데 말이다. 그 이유는 첫째, 게임 설계 자체가 이미 중독성을 유도하도록 만들어졌기 때문이다. 한국에서 유행하는 한 MMORPG게임 설계자의 말에 의하면 온라인 게임의 성공 여부는 유저들이 얼마나 게임에 매달리게 하느냐에 달렸다고 한다.[34] 게임개발자 입장에서는 당연한 발상이다. 몰입되지 않으면 장사가 되지 않으니 당연히 중독성 있게 설계할 것이다. 의도적이며 계획적인 유도가 이미 게임 설계에 숨겨져 있다.

두 번째 이유는 현실에서 충족되지 않는 자아실현을 게임에서 적극적으로 이룰 수 있기 때문이다. 바로 가상 현실의 사실적 성취기능이다. 세컨드 라이프 게임의 성공에서 보듯, 사람들은 현실에서 충족되지 않는 욕망을 가상 세계에서 이루려고 한다. 현실을 떠난 또 다른 세상에서 자신이 창조한 아바타가 되어 새로운 인생의 주인공이 되는 것이다. 원하면 무엇이든지 될 수 있고 새롭게 통제할 수 있는 세상이 인터넷 세상에 존재하기 때문에 사람들은 쾌감을 느끼며 중독된다.

현재 유행하는 게임들혹 온라인 게임이 아니더라도 중에서도 악명이 자자할 정도로 강력한 마성을 지닌 게임들은 모두 이러한 특성을 지니고 있다. 이혼제조기라는 별명을 가진 시드 마이어의 '문명' 시리즈, 세가의 풋볼메니저, EA Electronic Arts의 심즈 등이 그러한 게임들이다. 독특하면서도 모든 사람의 공감을 일으키는 이 게임들은 아무리 게임에 도가 튼 사람들도 그 중독성에서 헤어나지 못할 정도로 막강한 흡인력을 가졌다. 바로 위의 두 가지 이유 때문이다.

한 예로 시드 마이어의 '문명Civilazation' 시리즈 중에서 최신 버전인 '문명5'는 게이머로 하여금 인류 역사의 주인공이 되는 가상체험을 제공한다. 게이머가 구석기 시대부터 현대에 이르기까지 역사의 흐름을 타고 인류의 문명발전사를 주도적으로 펼쳐 나간다. 게이머는 자신이 정한 한 문명의 지도자가 되어 그 국가의 정치, 경제, 사회, 문화, 군사, 과학, 기술 등 모든 문명을 발전시킨다. 인더스 강과 중국의 황하 유역을 중심으로 한 아시아, 그리스와 로마를 중심으로 한 지중해 등 18개의 세계문명 중 하나를 선택하면 월드 맵에 자신만의 작은 영토가 생긴다. 이후 유저는 게임 안에서 자원을 모으고 영토를 확장하며 기술과 문화를 발전시켜 국가를 만들어간다. 이 과정에서 각 문명은 전쟁이나 외교, 무역 등 다양한 활동을 하는데, 이를 통해 다른 문명보다 앞서면 게임에서 이긴다.

언뜻 생각하면 지루할 것 같지만 스스로 무엇인가를 지배하고 통제하는 쾌감을 큰 스케일로 충족시켜 준다. 특히 턴제 전략 시뮬레이션 게임이라는 방식을 도입해서 유저들을 게임에 빠져들게 한다. 턴제란 장기나 바둑에서처럼 자신의 턴turn과 상대의 턴을 번갈아 가며 게임이 진행되는 것을 말한다. 실시간 게임과는 또 다른 묘미가 있는데, 지금 자신의 턴에서 선택하는 공략에 따라 미래가 각기 다른 결과로 나타날 수 있기 때문이다. 한 게임 개발자는 "턴제 게임은 자신이 게임에서 한 행동의 결과를 턴을 진행시켜 가면서 확인해야 하기 때문에 한 번 시작하면 멈출 수 없다"고 말했다. 문명5가 바로 자신의 플레이에 대한 상대의 플레이를 기다려야 하는 턴제 게임 방식이다.

그래서일까. 이 게임을 한 번이라도 해 본 게이머는 '문명5의 몰입성에 경악을 금치 못한다. 각종 게임 커뮤니티와 게시판에는 "여러 날을 밤새워 하느라 날짜 개념이 사라졌다. 오늘이 며칠이냐", "헤어 나오지 못할까 봐 아예 안 할 생각이다", "친구가 갑자기 트위터에서 사라졌길래 알아보니 문명5에 빠져 있더라" 등 다양한 중독 에피소드가 올라온다.[35] "게임을 인스톨만 하고 자려고 했는데 밤을 샜다", "한 턴만 더 하고 자려고 했는데 어느새 새벽 5시였다", "이틀 동안 한 끼도 안 먹고 이 게임을 했는데 배가 고프지 않았다" 등 엄청난 소감이 소개된다.[36] 오죽하면 타임머신이라고까지 불릴까.

그렇게 이 게임은 게이머들을 현실 세계와 유리되게 만들어 현실적인 시간감각을 잃게 한다. 이 글을 읽는 가정 가운데 만약 자녀의 컴퓨터에 이러한 게임이 설치되어 있다면 즉각적인 조치를 취해야만 할 것이다. 그렇지 않으면 타임머신을 타고 사라지는 자녀들을 속수무책으로 바라볼 수밖에 없을 테니 말이다.

마지막 셋째 이유는 게임이 온라인이라는 특성 때문에 그렇다. 온라인 게임은 그 특성상 중간에 그만두고 빠져 나올 수 없는 장치를 많이 가지고 있다. 여러 사람이 모여 함께 퀘스트를 수행하고 동맹을 만들어 온라인 상에서 자주 모임을 갖고 각종 이벤트와 끊임없는 업그레이드로 사람들을 붙든다. 독립형 PC게임이나 Stand alone 콘솔 게임처럼 언제든지 그만두고 싶을 때 멈출 수 있는 것이 아니라, 한 번 시작하면 끊임없이 접속을 해야 하는 것이 바로 온라인 게임이다.

주의력 결핍장애의 원인이 되다

밴쿠버 아래 남쪽에는 화이트 락White Rock이라는 작은 해변도시가 있다. 그 도시의 해변은 선착장과 정감 있게 어울리고, 아기자기한 상점들이 줄지어 있는 정취가 남다르기 때문에 사람들이 이 도시를 좋아하고 또 많이 찾는다. 어느 날 그 마을의 커피숍에 친구와 앉아 있을 때였다. 갑자기 옆 테이블에 낯익은 모습의 올망졸망한 아이들이 우르르 몰려 앉았다. 검은 머리, 까무잡잡한 피부의 친숙한 한국 아이들이었다. 이제는 캐나다 어디를 가도 심심찮게 십대의 한인 학생들을 많이 볼 수 있다. 그런데 그 아이들과 잠시 같은 장소에 있으면서 캐나다 아이들과는 다른 특이점 하나를 발견했다. 그것은 서로 대화를 거의 하지 않는다는 사실과 그러면서도 지극히 산만한 이상한 분위기라는 점이다.

아이들은 한 테이블에 앉아서 커피와 주스를 같이 마시면서도 너무나 제각각 따로 놀고 있었다. 분명히 일행으로 커피숍에 들어왔지만 서로가 타인인 양 행동을 했는데 그 중심에는 아이팟, 노트북, 스마트폰, 전자사전과 같은 첨단 IT 기기들이 있었다. 한 아이는 노트북으로, 또 한 아이는 아이팟으로, 다른 두 아이는 최신 휴대폰으로 자기들의 사이버 스페이스로 들어가 버렸기 때문이다. 분명 같은 장소에 어울려 있었지만 정신은 각기 다른 세계로 가 있었다. 지구 반대편에 살면서도 한국의 싸이월드와 블로그에 들어가고, MP3 플레이어에서 플레이 되는 게임과 동영상에 집중하고, 핸드폰으로 쉬지 않고 저 멀리 누군가와 문자를 주고받고 있었다.

중간중간 그 아이들이 했던 말은 정말 단순했다.

"아이 씨, 오늘 커피 맛 졸라 이상하네."

"야, 발 좀 저리 치워."

"아~ 여기 덥네."

… ??

그 아이들은 30분 동안 어떤 주제도 없이, 자신들의 이야기는 물론 타인에 대한 가십조차도 없이 그저 다른 세계에 몰입해 있었다. 이것은 정말 캐나다 현지 아이들과 너무나 다른 모습이었다. 그들을 보면서 나는 세대가 다르고 문화가 달라짐에 따라 어쩔 수 없는 것은 아닌가 하고 애써 이해하고 그 현상을 인정하려고 했지만, 끝내 이건 아닌데 … 라는 꺼림칙함을 떨쳐버릴 수 없었다.

한국의 청소년들은 다른 어떤 나라 아이들보다 IT 기기에 대한 중독성이 강하다. PC방으로 대변되는 컴퓨터 · 게임 중독은 말할 것도 없고, 휴대폰은 한국 청소년들의 필수 기기다. 다양한 MP3, 전자수첩, DMB, PDA 등이 잠시라도 손에서 떠나지 않는다. 그리고 이 모든 것들은 사이버 스페이스로 연결된다. 인터넷을 통해 손끝의 마우스클릭 한 번으로 무엇이든지, 그것이 연예정보든 지나간 방송이든 혹은 지식 검색이든 간에 모든 정보를 즉각적으로 보고 들을 수 있는 손 안의 IT 기기에 너무나 쉽게 몰입하는 우리 청소년들의 정서는 심각한 영향을 받고 있다.

아이를 기르는 부모라면 한 번쯤은 ADHD Attention Deficit Hyperactivity Disorder, 주의력 결핍 과잉행동 장애에 대해 들어 보았을 것이다. 이 증상은 아동기에 특히 많이 나타나는데, 주의력이 부족하여 산만하고, 과다활동이나 충동성을 지속적으로 보이는 특징이 있다. 제때 치료하지 않고 방치할 경우 아동기 내내 학업과 사회성 등 여러 방면에서 어려움이 지속된다. 일부의 경우 청소년기와 성인기가 되어서도 이 증상이 남아 있기도 한다.

이와 유사한 것으로 ADD Attention Deficit Disorder, 주의력 결핍장애가 있는데 ADHD와 비슷하지만 공격성이 덜할 뿐 산만한 것은 똑같다. 이 두 가지 증세의 아이들은 자극에 선택적으로 주의하거나 집중하기 어렵고, 지적을 해도 잘 고쳐지지 않는다. 학교에서 선생님의 말을 듣다가도 다른 소리가 들리면 금방 그쪽으로 관심과 시선이 옮겨간다거나, 시험 문제도 끝까지 읽지 않고 풀다 틀리는 등 한 가지 일에 오래 집중하는 것이 어렵다. 허락 없이 자리에서 일어나거나 뛰어다니고, 팔과 다리를 끊임없이 움직이는 등 활동 수준이 높으며, 생각하기도 전에 먼저 행동하는 경향이 강하다. 규율을 이해하고 알고 있는 경우에도 급하게 행동하려는 욕구를 자제하지 못한다.[37] 더욱이 ADHD는 ADD보다 증상이 더 심각하여 통제되지 않는 공격성을 띠거나 반항을 표출하기도 한다.

현대 문명이 발달하면서 부쩍 많아진 이 정신적인 증상은 시간이 지나면 약해지기도 하고 또 사라지기도 하지만, 상당기간 동안 아이들의 정서에 해를 끼친다. 무엇보다 또래 집단 사이의 교제의 폭을 제한하기 때문에 커서도 사회성에 심각한 장애를 초래할 수 있어 더 문제가 되기도 한다.

게임 중독에 대해 이야기하다 ADHD와 ADD를 언급한 이유는 바로 이것들이 밀접하게 연결되어 있기 때문이다. 뇌 의학자인 개리 스몰 박사의 견해에 따르면 이 모든 증상들 역시 과도한 디지털 기술에 노출되어 생기는 경우가 많다는 것이다. 실제로 미국 브라운대학의 필립 챈 박사와 테리 라비노위치 박사의 연구에 의하면 하루에 한 시간 이상 비디오 게임을 한 학생들과 그렇지 않은 학생들을 비교분석해 본 결과, 비디오 게임에 열중한 학생들에게서 ADD나 ADHD 현상이 더 심했다고 한다. 2007년 타이완에서 실시한 조사에서도 인터넷 중독이 ADHD 발생과 높은 상관관계가 있다는 사실을 밝혀냈다. 한국 역시 2006년에 발간된 학회 연구지에서 유사한 결과를 발표하였다.[38]

게임에 열중하고 오래 하면 할수록 아이들은 더욱 공격적인 성향이 되고 폭력에 무감각해진다. 폭력적이고 잔인한 게임 내용 자체도 문제지만, 더 큰 문제는 게임 속에 생생하게 묘사된 폭력과 잔인한 장면에 자주 노출되다 보면 뇌기능에 심각한 장애를 일으켜 결국 공격적인 행동을 불러온다는 점이다.[39] 게임의 과도한 자극에 노출됨으로 전두엽에 발생하는 발달장애혹은 활동장애가 아이들의 정서에 심각한 손상을 끼친다는 것이다.[40] 전두엽 발달장애로 기능이 미숙해지면 자제력과 인내심이 줄어들고 사회성과 논리성의 발달도 타격을 입는다. 결국 성인이 되어 다른 사람과 어울려 살아가야 할 사회성이 부족하여 자기중심적이고 미성숙한 인격을 지닌 자아로 살아가게 될 확률이 높아지는 것이다.

인터넷 상에서의 무차별적인 악플, 근거도 없는 비방, 도저히 납득되지 않는 인신공격들, 집단적으로 나타나는 사이버 상의 광기, 이 모든 현상들은 어쩌면 이러한 공격성과 자제력 · 인내심의 결여에서 비롯된 것일 수 있다. 뿐만 아니라 산만함과 조급증이 사이버 중독의 대표적인 증상이 된 것도 이와 같은 맥락에서 이해할 수 있다. 자존감이 낮아서 나타나는 '온라인 탈억제 효과'[41] 역시 전두엽이 미성숙할 때 더 많이 나타난다.

IT 기기의 신속함에 길들어 기다리지 못하는 아이들

캐나다에 단기 연수 온 한국 학생들을 인솔한 적이 여러 번 있었다. 아이들을 데리고 다니며 체험학습도 하고 록키산맥 여행도 했는데, 그때마다 만난 아이들은 한 가지 면에서 정말 유사한 점을 드러냈었다. 바로 엄청난 산만함과 무관심, 조급증이 겹쳐서 나타나는 행동 유형이다.

"언제 밥 먹어요?"

"언제 끝나요?"

"언제 호텔 가나요?"

"언제? 언제?"

그들은 계속해서 '언제'라는 말을 입에 달고 다녔다. 어떤 활동이 시작되면 이내 언제 끝나는지 알고 싶어 했고, 재미가 있든 없든 5분 이상 집중하기 힘들었다. 물론 십대들에게서 오랜 시간 집중력을 기대하기는 쉽지 않다. 그러나 놀랍게도 그 아이들이 정말 몰입하고 조용히 있을 때는 오직 손 안에 든 IT 기기를 통해 사이버 스페이스에 접속할 때 뿐이었다. 그런데 심지어 그 사이버 스페이스 속에서도 끊임없이 점프를 한다. 게임으로, 블로그로, 채팅으로, 웹서핑으로 한 곳에 오래 머물지 않고 무한 순간이동하는 것이다.

손 안에서 즉각적으로 반응하는 IT 기기의 신속한 응답 속도와 즉각적인 반응은 아이들로 하여금 기다리는 것과 여유롭게 사는 생활방식을 잊게 만들었다. 그 결과 자신의 욕구에 바로바로 반응하지 않는 현실의 어떠한 것도 쉽게 용납하지 못한다. 약간의 기다림, 채 1분도 되지 않는 침묵에 대한 불만, 이 모든 것들이 그들의 삶에서 익숙하지 않은 것이 되었다. 아이들뿐만이 아니다. 손 안에서, 그리고 눈앞에서 즉각적으로 반응하는 컴퓨터 · IT 기기들의 즉흥성은 부지불식간에 사람들을 빠른 반응에 길들여지고 중독되게 만들고 있다.

이렇듯 동일하게 산만한 행동을 하는 아이들을 보며 나는 이것이 집단 주의력 결핍장애MADD: Mass Attention Deficit Disorder가 아닌가 나름대로 이름 지어 생각해 보았다. 즉 MADD란 개개인이 가진 ADD가 아니라 서로 같은 증상에 물든 사람들이 모여 집단적인 산만함을 보이는 것이다. ADHD나 ADD는 나이가 들면서 스스로의 각성이나 환경의 변화에 따라 치유될 가능성이 있지만, MADD라는 집단 증세는 오히려 치유에 더 많은 시간이 걸릴지도 모른다는 불길한 예감이 든다.

게임 중독의 파괴력
-게임 중독자의 뇌와 마약 중독자의 뇌

아래 사진은 분당 서울대병원 핵의학과 김상은 교수팀이 발표한 인터넷 게임 과다 사용자의 뇌 활동 사진이다. 왼쪽의 마약 중독자의 뇌와 비교해볼 때 뇌의 활성화 부위가 같게 나타난다. 이것은 행동성 중독으로만 여겨져 온 인터넷 게임 과다사용이 뇌신경학적 메커니즘으로 설명할 수 있는 의학적 질환임을 증명하는 것이라고 전문가들은 말한다.

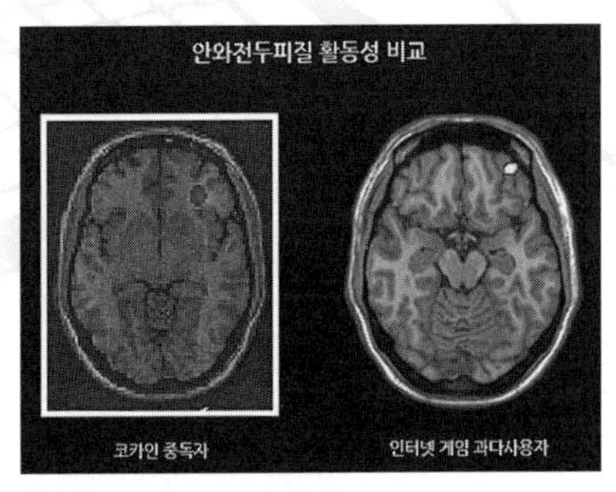

사진출처: 조선닷컴, 2009. 12. 9. 기사

2010년 12월에 보도된 두 가지 뉴스는 게임 중독에 관한 뇌의학적 연구를 비극적으로 지지한다.

그 하나는 인터넷 게임에 빠져 살던 20대 어머니가 두 살 난 아들을 숨지게 한 기사다. 어린 아들이 대소변을 가리지 못한다며 때려서 숨지게 한 혐의로 붙잡힌 27세 여성은, 단순히 방바닥에 오줌을 쌌다는 이유로 아들을 수차례 폭행하고 목 졸라 죽였다. 그녀는 "평상시에도 아들이 이유 없이 미웠는데 그 날은 너무 화가 나 참을 수가 없었다"고 진술했다.

경찰조사 결과 우울증과 같은 정신과 치료를 받은 기록도 없었다. 그러나 그녀는 게임에 중독되어 하루에 10시간 이상씩 게임을 하며 아들을 돌보는 것조차 소홀히 했다. 마치 마약에 중독된 사람들이 자제력을 잃고 폭행과 과격한 행동을 하듯, 게임으로 인한 심각한 현실 괴리감에서 자신의 어린 친자식에게 무분별한 폭력을 표출한 것으로 보인다.[42]

또 다른 사건은 23세 젊은이의 묻지마 살인 뉴스다. 12월 초 서울 서초구 잠원동에서 한 20대 남성의 피살사건이 있었는데, 이 사건은 다름 아닌 칼싸움 게임에 중독된 또 다른 20대 남성의 무분별한 분노 표출 때문에 발생했다. 아무런 이유도 없이 이웃 주민을 흉기로 찔러 숨지게 한 범인은 미국의 명문대를 다니다 중퇴한 젊은이였다. 그는 학교를 중퇴하고 귀국해 두문불출하며 오직 게임에만 심취했으며 마침내 게임의 흥분이 가라앉지 않은 상태에서 제일 처음 본 사람을 죽이겠다고 생각하게 되었다. 그리고 그 생각은 머릿속에서만 머물지 않고 마침내 집에 있던 흉기를 들고 나가 가장 먼저 눈에 띈 지나가던 사람에게 해를 가하는 행동으로 옮겨졌다.[43]

이처럼 게임에 심하게 중독된 사람들은 쉽게 자제력을 잃는 경우가 많다. 버럭 화도 잘 내고 자신을 압박하는 현실상황이나 방해받는 것에 대해 극도의 분노를 표출하기도 한다. 가까운 가족에게뿐만 아니라 잘 알지 못하는 타인에 대해서도 마찬가지다. 또한 사회에 대해서도 자신의 불만과 불안을 토로하기를 주저하지 않는다. 게임을 하지 못하게 꾸중하는 자신의 어머니를 충동적으로 살해하고 자신도 자살한 중학생의 이야기[44]가 다른 곳도 아닌 한국 사회에서 발생한 현실은, 이것이 얼마나 시급한 해결책을 필요로 하는 당면과제인지를 보여 준다.

입시공부에 중심을 둔 교육제도 아래 한국 아이들의 정서는 점점 메말라 가고 스트레스를 풀기 위한 게임 몰입은 더욱더 심각한 정신적 외상을 가져올 뿐이다. 그렇게 자란 아이들은 20대가 되어서도 성인의 자리에 서지 못하고 사회 주변에 맴돈다. 이것이 바로 오늘 우리 가운데 실재하는 네트워크 세대의 그늘진 현실이다.

미처 깨닫지 못하는 중독의 징후들

사이버 중독의 유형 II

온라인 채팅 중독, 사이버 섹스의 전 단계

요즘 큰아들 유빈이가 부쩍 수상하다. 이제 온라인 게임은 어느 정도 손을 놓은 것 같아 안심이었는데, 왠지 모를 찜찜한 느낌이 나의 신경을 여전히 건드리고 있었다. 무엇일까, 이것은? 난 스멀스멀 올라오는 불길한 예감에 날카롭게 곤두서기 시작했다. 녀석은 게임에서 벗어났지만 예전보다 더 컴퓨터 앞에 자주 앉아 있다. 왜 그럴까? 학교 과제물 때문이라고 말하지만 나의 눈을 피하는 그 무엇이 어둠 속에 숨어 있는 것이 분명했다.

그리고 마침내, 난 아들의 컴퓨터에 깔린 메신저 프로그램 속에서 그 원인을 밝혀냈다. 채팅이었다! 아, 드디어 채팅마저 ….
또 다른 전략이 필요한 시점이 된 것이다.

MSN Live 메신저, 네이트온NATE On, 버디버디, 구글 톡Google

Talk, Skype 등은 모두 실시간 채팅 프로그램의 이름이다. 이 메신저 프로그램들은 컴퓨터를 켜기만 하면 장소에 구애받지 않고 가족, 친구, 커뮤니티 회원들이나 직장 동료들, 익명의 제3자와 채팅을 즐길 수 있게 한다. 불특정 다수와의 접속은 언제든 열려 있다.

데이빗 그린필드David N. Greenfield는 자신의 책 「가상중독」*Virtual Addiction*에서 이렇게 주장했다.

"사이버 섹스란 것도 사실 채팅의 발전된 형태다."

헉, 정말? 채팅이 사이버 섹스의 초기 발전단계??? 이.럴.수.가! 그는 계속해서 이렇게 말한다.

> 단순한 인터넷 서핑에서 시작된 사이버 접촉이 그 다음 온라인 채팅과 이메일링으로 전환되고, 더 나아가 발전된 형태의 사이버 섹스로 진행되는 수순을 밟게 된다.[45]

채팅이 쌍방의 감정교류를 불러온다는 점에서 그의 말이 결코 과장된 표현만은 아닌 것 같다. 사이버 상에서 남성과 여성의 성 정체성도 현실 세계와 다를 바 없으니 말이다.

그래서 이렇게 찜찜한 느낌이 든 것일까? 너무 앞서서 미리 걱정하고 정도를 넘어 예상하는 것은 정신건강 상 좋지 않으니 일단은 거기서 생각을 멈췄다. 물론 채팅하는 모든 학생들에게 이 같은 잣대를 들이댈 수는 없지만 만일 아이가 지나친 집착을 보인다면, 일단 주의해야 한다. 이미 포털사이트를 통해 사이버 섹스가 아니라 실제 매춘의 도구로 채팅이 이용되고 있는 것이 현실이기 때문이다.

이제는 많은 직장에서 MSN 메신저나 어떤 형태의 메신저도 업무용 컴퓨터에 띄워 놓지 못하게 한다. 당장 업무에 차질이 생기고 보안상 취약해지며, 무엇보다 조직원들이 업무에서 벗어난 일탈에 중독될 수 있기 때문이다.

중독을 부르는 온라인 채팅

그런데 솔직히 이런 일은 가정에서도 그대로 나타난다. 나 또한 큰아들 유빈이가 공부하면서 켜 놓은 컴퓨터 모니터를 보고 기가 질려 버린 적이 있었다. 아들 녀석이 컴퓨터로 음악을 틀어 놓고, 버디버디와 MSN 메신저를 두세 개씩 열어 놓은 채 무려 5명의 친구들과 대화를 하며 학교 숙제를 하는 것이었다. 거기에 인터넷 익스플로러 창도 여러 개 떠 있었다. 로그인 하는 모든 친구들과 번개 같은 손놀림으로 채팅하는 아들을 보며 난 정말 말문이 막혔다. 뭐라고 혼내는 말에 아들은 그래도 공부가 된다고 반박한다. 솔직히 어디까지가 진실인지 알 수 없었지만 정말 정신없어 보였다. 그런데 그 산만함을 '본인만' 모른다. 게다가 이것은 녀석에게만 국한된 이야기가 아니다. 모니터 건너편 아들 친구들 역시 똑같이 생활하고 있다고 봐야 한다.

아들의 예를 들지 않더라도 아이들이 온라인 게임뿐만 아니라 온라인 채팅에 빠르게 중독되어 가는 모습을 쉽게 볼 수 있다. 지금 세대들은 정보를 교환하는 방식이나 속도도 기성세대들과 전혀 다르다. 온라인 채팅과 갖가지 메신저, 트위터, 그리고 이메일로 방금 일어난 일을 순식간에 지구 이편에서 저편으로 알린다.

어떠한 형태로든 온라인 채팅도 재미가 있기 때문에 중독되는 것이다. 서로 얼굴을 보지 않기에 더 쉽게 이야기를 나누며, 번거롭게 전화에 매여 있을 필요도 없다. 여러 사람과도 동시에 얼마든지 의견을 교환할 수 있을 뿐 아니라 딴 짓을 하면서도 실시간으로 정보를 주고받을 수 있다.

이렇게 말이 아닌 활자로 자신의 감정이나 생각을 상대편에게 전달하는 것은 어떤 면에서는 그 나름의 편리함과 진실성이 있다. 얼굴을 마주보며 말하는 것보다 더 편하고 솔직하게 감정을 나눌 수도 있기 때문이다. 그래서 데이빗 그린필드가 채팅으로부터 사이버 섹스의 가능성을 열어 놓은 것이다.

그러나 진솔한 감정의 교환과 편리성 때문에 일방통행적인 의사표현이 나타나는 단점도 있다. 흔히 이메일을 교환할 때 이 현상이 두드러지는데, 상대편의 생각이나 마음을 실시간으로 헤아리며 소통하는 것이 아니기 때문이다. 감정을 절제하지 못해 순간적으로 자신의 마음과 생각을 글로 남겨 치명적인 결과를 초래하기도 한다. 또는 취소하거나 지울 수 없는 그 흔적들이 간혹 돌이

킬 수 없는 상처로 여러 사람들을 울리기도 한다.

만일 당신의 자녀가 컴퓨터에 여러 개의 창window을 열어 놓고 채팅도 하고 인터넷 검색과 공부를 하며 음악도 듣는 멀티태스킹multi tasking을 하고 있다면 결코 가볍게 보아 넘겨서는 안 된다. 그런 상태로 주의력 분산 상태가 오래 지속되면, 결국 어느 시점에 이르러 뇌가 활성화되기 힘들어지는 때가 온다. 결국 뇌가 감당할 수 있는 통제의 한계가 무너지는 것이다. 이런 만성적이고 기술적인 뇌의 소모 형태는 뇌에 과중한 스트레스를 주어 결국 개인의 성격에도 근본적인 변화를 초래할 수 있다.[46] 부지불식간에 자존감도 손상을 입는다.

휴대폰 중독도 간과하지 말라

그런데 채팅은 비단 컴퓨터 앞에서만 이루어지는 것은 아니다. 최근의 뉴스는 휴대폰 채팅의 심각성을 그대로 보여 준다. 과도한 문자 메시지 사용으로 수술까지 하게 된 미국 10대 소녀의 기사가 바로 그것이다.[47]

애니 레비츠라는 16세 소녀는 하루 평균 100개 이상의 문자 메시지를 보내는 바람에 양 팔목에 수술까지 받았다. 손목에 지속적으로 무리를 준 탓에 물건을 들기 힘들 정도로 근육이 파손되고 손의 감각을 잃게 되는 '수근관 증후군' 팔목터널증후군이었다. 이것은 팔목터널이 좁아지면서 신경이 압박되어 나타나는 손바닥의 이상 증세로, 컴퓨터의 키보드나 마우스 등을 반복적으로 조작할 때도 생기기 쉬운 병이다.

그런데 수술을 받을 소녀는 후회보다 오히려 기발한 생각을 한다. 즉 '터치스크린이 내장된 휴대폰으로 바꾸면 예전처럼 많은 문자를 보낼 수 있을 것'이라는 엉뚱한 기대를 한 것이다. 더욱이 그녀의 엄마는 아이 생활의 전부인 휴대폰을 뺏을 수도 없다고 생각한다. 정말 어디에서부터 누구부터 근본적인 치료가 필요한지 모를 노릇이다.

필라델피아 템플대학교 연구팀은 "사무실에서 하루 종일 컴퓨터 앞에 앉아 있는 직장인 못지않게, 문자 메시지를 보통보다 매우 빠른 속도로 보내는 사람들도 역시 목과 어깨 부위에 만성 통증이 나타날 위험이 크다"고 경고했다. 이 기사는 휴대폰 역시 사이버 스페이스의 연장선상에 놓여 있음을 여실히 보여 준다. 아이팟이나 아이패드와 같은 모든 휴대용 기기 역시 마찬가지다.

온라인 커뮤니티와 블로깅 중독 - 외톨이는 싫어

이것은 중독 같지 않은 중독이다. 그만큼 심각하게 느끼지 않고 또한 피해가 없는 것처럼 인식되기 때문이다. 하지만 이것 역시 상당히 해로운 중독의 하나가 될 수 있는데, 오히려 심각하다고 느끼지 않기 때문에 더 위험할 수 있다.

블로그란 Web Log의 줄임말로서 기존의 개인 홈페이지나 웹

게시판, 웹 커뮤니티를 통합하는 기능을 가진 1인용 웹 서비스를 일컫는 용어다. 현존하는 모든 인터넷 웹의 기능을 각 개인들에게 지원하는 서비스기 때문에 그만큼 쉽고 혁신적이며 개성적이다. 인터넷에서 다른 사람혹은 단체의 블로그를 방문하여 글을 보거나 스크랩하여 자료를 모으고 즐기는 행위를 흔히 블로깅이라고 하는데, 블로깅이라고 해서 그 대상이 꼭 블로그라는 서비스에 한정할 필요는 없다. 동호회 커뮤니티, 친구들과 만든 카페 등 모든 형태의 커뮤니티 사이트 방문도 블로깅 행위의 한 형태다.

● 중독에 빠지는 현상에 대해 심리학자들은 소외감에서 그 원인을 찾는다. 인간은 궁극적으로 하나님과 관계를 맺어야 하고, 또 다른 사람들과 관계를 맺으며 살아가야만 하는 존재다. 사람들에게는 친밀한 교제가 필요하다. 그렇지 않으면 외로워 못 산다.

이러한 활동은 개인이건 단체건 상호간 매일매일의 접속과 수정update이 필요하다. 인터넷에서 1인 1미디어 서비스가 가능해진 후 사람들은 이제 기업의 포털서비스뿐만 아니라 단체 커뮤니티, 동호회, 개인 블로그까지 실질적인 무한 웹서핑을 한다.

현재 전 세계적으로 유행하는 소셜 네트워크 서비스SNS - Social Network Service or Site는 바로 블로깅의 확대이자 공유의 장이다. 소셜 네트워크 서비스란 인터넷을 기반으로 사람들을 연결하고 정보를 공유하며 자유로운 자기 표현을 통해 인맥을 유지 및 관리하거나 관계를 갖게 하는 서비스혹은 사이트를 말한다.[48] 즉 카페나 클럽, 블로그, 미니홈피, 인스턴트 메신저, 가상현실 서비스 등 모든 커뮤니티 중심 인맥 서비스를 포함한다. 또한 3G 서비스의 확대에 따른 인터넷과 휴대폰의 결합은 SNS의 무한 확장을 가져온다.

소셜 네트워크 서비스의 대명사인 페이스북은 2004년 창업된 이래 현재 전 세계 회원이 5억 명이나 된다. 싸이월드와 같은 한국형 토착 SNS 서비스가 있음에도 불구하고 페이스북의 한국 내 가입자 수는 2010년 10월 현재 164만 명이며 성장률은 세계에서 가장 빠른 73%에 이른다.[49] 전 세계에서 이 서비스를 이용하는 가입자가 5억 명이라는 것은, 이 소셜 네트워크 서비스가 얼마나 그 파급력과 장악력이 큰지를 한 눈에 보여 주는 증거다.

이 기업의 창업주인 마크 주크버그라는 26세 젊은이의 재산은 2010년 10월 현재 무려 69억 달러7조 8000억 원에 달한다.[50]이 젊은이가 6년이라는 짧은 시간 안에 이처럼 사업에 성공한 것은 그만큼 많은 사람들이 그의 서비스에 열광한다는 뜻이기도 하다. 마이크로소프트나 애플, 구글과 같은 기존의 IT업체들이 이룩한 기록들을 이 소셜 네트워크 서비스 기업 하나가 순식간에 갈아치우고 있다.

현대인의 소외감이 불러온 관계 중독

그렇다면 사람들이 블로그나 인터넷 커뮤니티에 열광하는 이유는 무엇인가? 그것은 바로 개인의 관심사나 취미 그리고 전문적인 지식에서부터 시시콜콜한 잡담까지, 모든 것을 제공하는 블로그와 인터넷 커뮤니티 활동이 사이버 세상에서 개인들을 긴밀하게 연결해 주는 사이버 관계성Cyber Relationship을 제공하기 때문이다.

정신과 의사이자 정보통신부의 정보문화원 자문위원이기도 한 김현수 원장은 한 신문과의 인터뷰에서 사이버 중독의 종류를 크게 세 가지로 구분하였다. 첫째, 게임과 관련한 '사이버 게임 중독', 둘째, 채팅에 깊이 빠지는 '사이버 관계 중독', 셋째, 성적 음란물을 탐닉하는 '사이버 성 중독'이다.[51] 인터넷 채팅, 메일, 커뮤니티, SNS 등은 이 세 가지 분류 중 사이버 관계 중독에 속한다.

중독에 빠지는 현상에 대해 심리학자들은 소외감에서 그 원인을 찾는다. 원래 사람은 관계를 맺으며 살아가도록 창조되었다. 사람을 뜻하는 한자인 인간人間도 사이 간間 자를 쓰지 않는가. 인간은 궁극적으로 하나님과 관계를 맺어야 하고, 또 다른 사람들과 관계를 맺으며 살아가야만 하는 존재다. 사람들에게는 친밀한 교제가 필요하다. 그렇지 않으면 외로워 못 산다.

그러나 효율성을 강조하는 현대 사회는 인간을 한낱 기계의 부속품으로 전락시킨 탈인간화 사회가 되었고, 사람들의 소외감은 더욱더 커져 가고 있다. 그래서 바쁜 현대인의 일상은 현실에서 충족되지 못한 관계성의 욕구를 인터넷 사이버 세상에서 찾고자 한다. 현대인의 소외감이 관계 중독을 부추기는 것이다. 즉 현실에서 소외를 느끼거나 소외당할 때 현실에서 찾을 수 없는 그 관계성 · 친밀성을 가상의 사이버 세계에서라도 찾고자 힘쓰는 것이다. 결국 그 정도가 심해지는 것이 바로 사이버 관계 중독이다.

이제 사람들은 관계성의 고리가 하루라도 연결되지 않으면 자신의 존재가치와 자기 확인에 손상을 받는다고 느낀다. 그래서 싸이월드에서 친구의 방문수와 일촌평에, 그리고 방문자들의 댓글에 일희일비한다. 심지어 자신의 사이트에 남겨진 댓글에 상처받아 자살하는 연예인들도 있었다. 사람들은 밤을 새워가며 페이스북이나 싸이월드와 같은 자신의 홈피를 단장하고 사진과 동영상을 업데이트하며 일촌 파도타기를 통해 시시콜콜한 모든 이야기들을 읽으며 댓글을 단다. 그리고 다음날 아침 충혈된 눈으로 학교에 가거나 직장에 출근한다. 무엇을 위한 밤샘인지 알지 못한 채 점점 더 이 활동에 몰입하고 또한 중독되어 가는 것이다.

블로깅, 생활의 활력소인가 인터넷 중독의 시작인가?

야후나 구글 그리고 네이버를 비롯한 국내외의 모든 포털서비스와 일반 온라인 서비스 사업자들은 회원들에게 개인 블로그 개설을 전폭 지원한다. 단 한 가지 이유, 인기가 있기 때문이다. 인기가 있다는 의미는 곧 돈이 된다는 말이다.

'구글 애드'라고 혹 들어 본 적이 있을 것이다. 개인과 기업 가리지 않고 블로그를 방문했을 때 뜬금없이 옆에 소개되는 광고 배너들이 바로 구글 애드와 같은 광고배너들이다. 이것은 블로그의 위력을 잘 아는 검색 회사가 SNS에 상술을 접목시킨 이 시대의 첨단 마케팅 기술이다. 그 블로그 · 사이트를 방문하는 이들에게 자연스럽게 광고할 뿐 아니라 배너를 클릭하는 횟수에 따라 블로그 · 사이트 주인에게 보상을 해 주는 시스템이다. 결국 이러한 광고 서비스의 확장이 대부분 포털서비스의 수입원이 된다.

물론 1인 1블로그 시대에 블로그의 활성화와 다양성이 큰 역할을 하는 것도 사실이다. 많은 사람들이 자신의 블로그를 통해 능력을 보여 주기도 하고 친밀감을 형성하기도 한다. 실제 블로그 활동으로 개인의 브랜드 가치를 높이며 유명인으로 등극한 사람도 있다. 또한 블로그 활동은 생활에 활력을 높이며 능력을 키워 가는 도구가 되기도 한다. 이제 가정에서 주부건 학생이건 자신의 블로그나 홈페이지, 그리고 자신이 속한 커뮤니티에 가서 새로 도착한 메일이나 쪽지, 메시지를 점검하는 것이 전혀 생소하지 않다.

그러나 한편으로 현실에서 충족되지 못한 욕구를 블로그와 같은 사이버 세상에서 해결하는 경우도 적지 않다. 현실에서 채워지지 않는 마음을 채우려고 도피하는 경우 지나치게 몰입함으로 생기는 중독이 문제다. 과도한 인터넷 서핑 집착은 밤낮을 바꾸고 인터넷에 소비하는 시간에 이상하게 관대해지는 시간감각 왜곡 증세를 일으킨다. 결과적으로 지나친 공상을 허용하고 사이버 공간에 대한 터무니없는 의미 부여가 일어나며, 마침내 현실에서의 사회적 관계를 기피하는 대인관계 기피와 소통의 단절이 온다. 결국에는 가족관계나 인간관계가 변형되고 파행될 가능성을 여는 것이다.[52]

온라인 쇼핑 중독 - 클릭만으로 충분하다

세상의 모든 여인은 쇼핑을 좋아한다. 음, 이 말이 100% 맞다고 할 수는 없지만 99% 이상은 진리에 속하는 것 같다. 어떤 형태의 쇼핑이든지 보고 즐기고 구매하는 기쁨은 나이가 많고 적음을 떠나 여성이라면 누구나 가지는 즐거움이다. 그런데 이제 그 쇼핑의 즐거움이 오프라인을 떠나 온라인 시대로 가고 있다.

아내도 온라인 쇼핑을 무지 좋아한다. 지금은 캐나다에 있어 비록 예전처럼 즐길 수는 없지만 인터넷 쇼핑은 아내의 인터넷 서핑에서 주된 메뉴의 하나로 굳건히 자리를 잡고 있다. 비록 눈으로만 보는 윈도우 쇼핑이 많지만 말이다. 말 그대로 웹 창web window을 통해서 하니 이도 윈도우 쇼핑이긴 하다.

그런데 온라인 쇼핑 중독이란 단순히 온라인으로 물건을 구매하는 쇼핑 방법을 넘어서서, 불필요한 물건까지 계속해서 사들이는 강박적 구매패턴을 지칭할 때 쓰는 말이다.[53] 전문가들은 심리적 불안감을 줄이려는 동기 때문에 중독이 생긴다고 한다. 그래서 오프라인에서와 마찬가지로 온라인의 인터넷 쇼핑몰에서도 반사적으로 물건을 구입한다고 분석한다.

인터넷 중독 성향이 크면 클수록 강박적으로 물건을 구매할 가능성도 비례적으로 커진다. 처음에는 온라인 쇼핑몰의 물건이 상대적으로 저가여서 부담 없이 구입하지만 인터넷을 사용할수록 충동성 구매 유혹에 노출될 가능성이 커져 서서히 강박적인 구매

습성을 보이는 것이 온라인 쇼핑 중독의 한 패턴이다. 이런 강박적 구매 현상은 충동조절 장애의 일종으로 폭식증, 상습 음주 등의 중독 증상과 함께 나타나기도 한다. 한강성심병원에서 근무하는 이병철 정신과 교수는 인터넷 쇼핑 중독에 대해 이렇게 말한다.[54]

"온라인 쇼핑몰은 당장 사지 않으면 영영 구입하지 못할 것처럼 충동구매를 극대화 하는 판매 전략을 세웁니다. 충동을 조절하지 못하는 사람들은 쉽게 유혹에 빠져 물건을 구매하게 됩니다. 강박적으로 구매하는 분들은 기분전환을 위해 사용하지도 않을 물건까지 마구 사들입니다. 물건을 사면 자신의 존재감과 가치가 커진다고 믿는 사람도 많습니다."

이미 인터넷 중독 상태라면 '하지 말라'는 머리와 컴퓨터를 켜는 손이 따로 논다는 어느 신문기사처럼 인터넷 쇼핑 중독 또한 머리와 몸이 따로 행동하는 심각한 금단증상을 부른다.

한국에서는 1996년에 인터파크가 생기면서 전자상거래가 일반으로 확산되었다. 이 전자상거래의 규모는 2000년에 58조 원이던 것이 2008년에는 630조 원이 될 정도로 급속도로 증가했다.[55] 2008년 한국의 전체 상거래액 2,267조 원 중에서 전자상거래 규모는 630조 원으로 27.8%를 차지했다.[56] 이렇게 전자상거래는 매년 꾸준한 성장세를 거듭하고 있다. 물론 매출 규모 대부분은 기업과 기업간B2B, 기업과 정부간B2G이 차지하지만 기업과 개인B2C간의 거래 역시 같은 비중으로 꾸준히 증가한 것이다. B2C 시장에서 2006년 한국의 사이버 쇼핑몰 수만도 4,531개였다. 지금은 훨씬 더 많다.

상품별로는 의류 · 패션 및 관련 상품이 2조 9,960억 원으로 1위를 차지하고, 여행 및 예약서비스가 2조 8,570억 원으로 2위, 가전 · 전자 · 통신 기기가 2조 4,660억 원으로 3위를 차지했다. 그 외로는 기타 생활용품 · 자동차용품 등이 있다.[57] 개인의 온라인 쇼핑e-shopping은 이렇듯 소비재 · 여가 중심으로 이루어진다.

무엇보다 온라인 쇼핑이 급속도로 성장한 배경에는 인터넷의 보급과 아울러 시간과 장소에 전혀 구애받지 않는다는 온라인 쇼핑의 최대 강점이 있다. 누구든지 마우스를 클릭만 하면 7일×24시간 상점이 열려 있다. 한국의 어느 도시에나 본점을 둘 수 있는 쇼핑몰에서 소비자는 서울에 있든 부산에 있든 상관없이 쇼핑하고, 아이템이 무엇이든 원하는 때에 주문을 넣고 취소할 수 있다.

물론 전자상거래에 대한 해킹 위험이 상존하지만 암호화 기술의 발달로 큰 장애가 되지 않는다. 결제 수단은 신용카드, 무통장거래, 심지어 핸드폰으로까지 소비자가 원하는 방식으로 모두 결재 가능하다. 핸드폰 결제 같은 첨단 기술은 한국이 가장 빠르게 잘 발달되어 있다. 이건 정말 대단한 일이다. 한국만큼 전자 결제가 잘 되는 곳은 세계 어느 곳에도 없을 것 같다. 정말 상술과 IT 기술의 절묘한 합작품이다.

지름신이 오는가

오프라인에서 문제가 된 개인의 쇼핑 중독은 온라인에서도 똑같이 적용된다. 아니, 오히려 장소와 시간에 구애받지 않는 인터넷 여건이 쇼핑의 용이함을 돕기 때문에 더 위험할 수도 있다. 당장 필요도 없는 물건을 단지 싸다는 이유만으로 사재기를 한다. 직접 눈으로 보고 손으로 만지지 못해도, 좋아 보이고 쉽게 주문할 수 있기 때문에 온라인 쇼핑의 영역은 넓어져 간다.

그런데 오프라인에서와 마찬가지로 인터넷 쇼핑 역시 연령이 낮아질수록 그 폐해가 심각하다. 2007년 8월 7일자 세계일보는 10대 청소년의 경우 12~19세의 인터넷 쇼핑 이용률이 2004년 32.1%에서 2007년 54.5%로 급격히 늘어났다고 보도했다.[58] 속칭 '지름신'이라는 속어가 잘 말해 주듯 절제되지 않은 소비 풍조가 청소년들 사이에 만연한 것이다. 자신이 땀 흘려 번 돈이 아닌 부모님이 주는 용돈으로 남의 눈치 볼 필요 없이 쉽게 소비할 수 있게 만드는 인터넷 쇼핑은 청소년들로 하여금 검소함이나 절제의 미덕이 무엇인지 알지 못하게 한다.

나는 이 지름신이란 용어에 감탄을 금하지 않을 수 없다. 지름신이라, 이 얼마나 직설적이며 시의적절한 용어인가? 소비는 가장 말초적인 기쁨과 쾌락을 제공하는데 지름신이라는 용어는 질러버린다는 욕망을 표출하는 동시에 책임의 한도를 벗어나는 일탈의 쾌감을 적나라하게 표현한 말이기 때문이다.

지름신이라는 말이 마치 이 시대의 우상처럼 사람들 사이에 회자되고 있다. "지름신이여, 강림하소서. 강림하소서!" 광고는 그렇게 소비를 부추긴다. 드라마에도 이 말은 여과 없이 등장한다. 감당할 수 없는 쇼핑증세를 나타내는 이런 말들이 아무 거리낌없이 대중적인 지지를 받는 것은 결국 사회 구성원 모두 이 용어에 공개적으로 공감하고 있다는 의미다.

영국 정신과 의사들이 「정신질환 진단 · 통계 편람」 신판에 쇼핑 중독을 정신병의 일종으로 등재할 것이라고 영국 선데이타임스가 2003년 8월 17일 보도한 적이 있다.[59] 쇼핑 중독은 이제 온라인, 오프라인을 가리지 않는다. 나날이 발전하는 전자상거래 시스템은 홈쇼핑을 더더욱 부추기고, 24시간 열려 있는 인터넷 온라인 상점에서의 쇼핑을 너무나 쉽게 만들었다. 결국 지불능력 이상의 쇼핑으로 빚에 시달리게 되고, 가정불화와 재정적 어려움을 가져오는 처지가 되기도 한다. 실례로 쇼핑 중독에 걸려 1억 8천만 원의 빚을 진 주부가 가정파탄의 위기까지 겪은 사건도 있었다.[60]

또 한 가지 우려할 점은 인터넷 쇼핑 중독 현상이 중산층 이하 혹은 저소득층에 더 심하게 편중될 수 있는 가능성이다. 고소득층이나 경제적으로 여유가 있는 사람들은 아직 오프라인에서 여유 있게 쇼핑을 즐기는 경향이 있다. 저렴한 가격에 필요한 물건을 제때 구입할 수 있는 인터넷 쇼핑의 매력은 생활환경이나 경제적인 사정 때문에 여유 있게 쇼핑을 즐길 수 없는 사람들에게 더 어필된다. 따라서 중산층 이하의 사람들에게 쇼핑 중독 성향이 늘어가는 것은 또 다른 사회문제로 번질 가능성이 많다.

온라인 일 중독은 당연한 중독?

이것은 내가 걸렸던 병이다. 지금은 비록 덜하지만 글쎄, 솔직히 완치되었다고 말하기는 아직 힘들다. 다만 절제할 줄 아는 힘이 커졌을 뿐이다. 이 증상 또한 대부분의 사람들이 중독인줄 잘 모르거나 또 설령 자신의 문제점을 인식해도 스스로 중독이라고 시인하기가 쉽지 않다. 언제나 "나 지금 일하잖아!!"라고 큰소리치면서 할 수 있으니 말이다. 하지만 컴퓨터에 몰입되고 관계성의 단절을 가져오는 것은 같기에 중독의 부류에서 빼기 어렵다.

요즘 기업의 사무실 환경은 공장의 현장 조립라인과 일부 작업장만 제외하면 대부분 인터넷 환경에서 이루어진다. 회사에서는 말할 것도 없고 회사 밖에서나 집, 출장지에서도 수시로 회사의 인터넷에 접속한다. 인트라넷IntraNET이라 불리는 기업 내부의 폐쇄된 네트워크도 보안망으로 보호되어 이제 인터넷 상에서 언제든지 연결 가능하다. 즉 기업 구성원들이 어디서나 회사 일을 할 수 있는 여건을 제공하는 것이다. 따라서 국내, 국외 상관없이 24시간×7일 동안 수시로 회사 컴퓨터망에 접속하여 업무상황을 점검하고 메일로 업무지시를 주고받으며 필요한 정보를 업데이트하고 경영진에 보고를 한다. 회사에서나 집, 출장지, 휴가지에서조차 온라인 상태의 개인은 일에서 결코 한시도 떨어질 수 없다. 쉬지 않고 일의 노예가 되는 것이다.

주식의 온라인 트레이딩 역시 같은 범주에 속한다. HTS홈트레이딩 시스템를 켜 놓으면 비록 증권맨이 아니어도 모니터 곁을 떠날 수 없다. 개미 투자자나 큰손이나 클릭하는 손끝의 움직임을 쉬는 것은 즉각적인 재정적 손실을 의미하기에 시스템에 ON접속한 상태에서 한눈팔 겨를이 없다. 모두 인터넷이 만든 일 중독이다.

이제 온라인 일 중독the Internet for work에서 벗어나는 방법은 저 멀리 휴양지 섬으로 가는 것뿐이다. 전 세계가 인터넷망으로 연결된 현실에서 이제 그마저도 쉽지는 않겠지만 말이다. 휴대폰 업체에서 제공하는 자그마한 USB 스틱으로 인터넷에 접속하면 단절은 절대 불가능할 뿐 아니라, 그 정도까지 인터넷에 접속하겠다는 의지를 가졌다면 인터넷 일 중독에서 벗어나기는 요원한 일이 될 수 있다.

온라인 포르노그라피 – 추악한 인간의 모습

온라인 포르노그라피는 인터넷이 가진 역기능 중에서 가장 즉각적이고 표면적인 폐해로 나타나는 부분이다. 그래서 세계 어느 나라에서나 이 문제를 심각하게 인식한다. 온라인 게임이나 쇼핑도 사실 그 못지않게 심각하지만, 포르노그라피만큼 사회적인 우려와 두드러진 관심을 즉각적으로 받지는 않는다. 성sex이 인간의 원초적인 관심사이자 동서고금을 막론한 모든 문제의 진원지이며, 성폭력과 같은 직접적이고 치명적인 범죄로 이어질 가능성이 크기에 더욱더 그렇다.

사실 성에 대한 호기심과 충동은 접근의 용이성과 익명성을 기회 삼아 사이버 세계에서 더욱 기승을 부린다. 특히 아동 포르노의 증가는 예의 주시할 정도다. 영국의 인터넷감시재단IWF이 2007년 4월 17일 발표한 연례 보고서에 의하면 인터넷 상의 아동 포르노는 2003년 이후 4배로 증가했는데 그 내용도 갈수록 상상을 초월하여 심각해지고 있다.[61] 2006년에 신고된 것만도 3만 2천 건에 달하는데 이는 전년 대비 34%나 증가한 것이다. 특히 보고서 내용 중 쇼킹한 부분은 이들 상업적인 아동 포르노 사이트의 60% 정도가 아동 성폭행 영상을 판매한다는 사실이다.

대부분의 아동 포르노에서 학대당하는 어린이의 80%는 여자아이고 그 중 91%는 12세도 안 된 어린아이들이라는 보고는 우리를 더욱 슬프게 한다. 12세 이하라니, 짐승만도 못한 인간들이다. 그나마 다행인 것은 아동 성폭행 영상을 판매하는 이들 포르노 사이트 대부분이 미국과 러시아에서 만들어졌다는 사실이다. 이것이 한국에 약간의 면죄부를 줄지 모르지만 한국의 온라인 상에 아동 포르노가 없다고 볼 수는 없다. 한국이 인터넷 성범죄에서 완전히 비껴 서 있지 않기 때문이다. 부디 한국에서 만들어진 것만은 없기를 바라지만, 이것 역시 희망적이지는 않다.

이는 '야동'이라는 속어만 봐도 명백하다. 주로 인터넷을 통한 포르노그라피 동영상을 뜻하는 이 속어는 이제 일반 드라마나 쇼 프로에 등장할 만큼 한국인들에게 친숙한 말이 되어 버렸다. 초등학생들조차 그 뜻을 아는 이 용어의 존재가 한국 인터넷 포르노그라피의 현주소다.

늘어나는 음란물과 성폭력 범죄의 증가

한국에서 2007년 한 해 동안 새로 수집된 음란물 건수는 모두 35만 여 건이며, 하루 평균 980여 건이 새롭게 만들어져 유포되고 있다. 2007년에만 18만 개 정도의 음란 사이트가 새로 생겨난 것으로 조사되었다. 그 수는 날이 갈수록 늘어나고 있으며 내용 또한 점점 더 과감하고 노골적이다.[62]

최근 신문기사는 우리를 더욱 놀라게 한다. 한국에서 청소년들이 자신의 누드나 성관계 장면을 찍은 '음란 셀카' 동영상을 급속히 퍼트린다는 사실이다.[63] 국내 한 정보보호업체가 2009년 4월까지 등록한 음란물 동영상 13만여 건 중, 휴대전화 셀카 동영상은 1만 8천여 건[14%]이었으며, 이 중 청소년이 등장하는 경우가 20% 정도라고 한다. 호기심에 셀카를 찍은 청소년들이 바로 음란물 산업의 표적이 되어버린 것이다.

또한 심각한 현상 중의 하나는 일부 가출 청소년들이 직접 성관계를 맺는 동영상을 제작하고 판매해 돈을 버는 수단으로 활용하고 있다는 사실이다. 돈이 떨어진 청소년들이 휴대전화 등으로 음란 동영상을 자체 제작해 성인 사이트나 친구들에게 파는 것이다. 이들 가운데 음란 동영상을 찍어본 경험이 있는 아이들 대부분이 유통 경로로 성인 사이트를 지목했다. 이 업체들은 20~30

분 분량의 동영상 한 편에 50~60만 원을 준다고 한다. 이렇게 만들어진 음란물은 인터넷 카페나 게시판을 통해 거래되는데 한 번 온라인을 통해 퍼져나간 음란물은 쉽게 사라지지 않는다는 점에서 출연한 청소년들에게 평생 씻을 수 없는 상처를 주기도 한다.[64]

문제는 비단 작은 규모의 성인 사이트뿐만 아니라 한국의 대형 인터넷 포털사이트의 한쪽 구석에도 동그라미 쳐진 숫자 19가 어김없이 표시되어 있다는 점이다. 그 19금 아래나 옆에는 성인등급의 사진이 누구나! 볼 수 있게! 버젓이! 나타난다. 이렇게 포르노그라피를 합법적으로 내보내는 곳이 한국의 인터넷 포털사이트다. 이것은 정녕 파렴치한 행태다. 자신들이 대한민국의 대표 언론지 혹은 대표 포털사이트라고 말하면서 성적인 그림과 문구들을 부끄럼 없이 내보낸다. 돈에 중독되어 스스로를 기만하는 한국 대형 인터넷 포털사이트가 한국 포르노그라피의 판매창구라고 하면 심한 말일까? 온갖 성적 표현과 노골적인 언어는 대중 인터넷 사이트에 차고 넘친다.

그 결과는 비참하고 충격적이다. 고등학교 2학년 여학생이 화상채팅에 빠져 아무 죄의식 없이 원조교제를 하다 낙태한 사건이 있었다. 용돈도 벌겸 재미 삼아 시작한 인터넷 채팅으로 낯선 남자들과 만났고, 상습적인 교제가 임신으로 이어져 낙태수술까지 받기에 이른 것이다.[65] 또한 2003년 6월에는 충북의 모 초등학교에서 8명의 초등학생들이 성행위를 시도한 사건도 있었다. 그 동기와 원인은 음란 스팸메일이었다. 스팸메일을 통해 유포된 성행위 영상을 보고 호기심을 품은 한 초등학교 6학년 여학생이 친구들에게 이를 한 번 해 보자고 제안했고 마침내 단체로 성행위를 하고 말았다![66]

이렇듯 연령대는 결국 아동으로까지 내려왔다. 한국의 인터넷 파일 공유 사이트에 뜬 55초짜리 '실제 한국 초등학생의 문제의 동영상'에 대한 기사가 난 적이 있다. 컴퓨터를 조금만 다룰 줄 알면 누구나 쉽게 구할 수 있던 이 영상에는 초등학생으로 보이는 남녀 어린이의 성행위 장면이 나온다. '초딩 ○○○○채팅'이라는 제목의 또 다른 10분 54초짜리 동영상에는 화상채팅 중 자위행위를 하는 여자 초등학생의 모습과 얼굴이 여과 없이 드러나기도 했다.[67]

아동 포르노 유통의 진원지는 파일 공유 사이트들이다. 그 회사의 대표들은 '영리를 목적으로 한 아동 음란물 소지죄'가 적용되어 경찰에 체포되었는데 놀랍게도 회사 파일 서버에서 압수한 아동 포르노 657건 가운데 한국 내에서 제작된 것이 절반이 넘는 383건58.3%으로 나타났다. 이 중 158건에는 얼굴이 그대로 노출된 장면이 나오고, 9건에서는 학교와 이름이 공개되기까지 했다.

어릴 시절 잔상은 더 오래간다

지금까지 살펴본 것처럼 인터넷 포르노그라피는 너무나 즉각적이며 충격적이며 파괴적인 사회문제를 낳는다. 한 개인의 인생뿐만 아니라 가족과 주변인들을 사회로부터 분리시킨다. 특히 어린 시절 포르노와 같은 충격적인 영상을 접할 경우 그 기억이 더 오래 갈 뿐만 아니라 왜곡된 성지식을 갖게 할 수 있기 때문에 문제가 된다. 민감한 청소년기에 인터넷을 통해 포르노그라피를 밤새워 탐닉하는 것은 성장한 후에도 정서적으로 왜곡되고 변형된 성 의식을 갖게 할 수 있다.

성이란 하나님께서 부부에게만 허락하신 놀이다. 부부를 더욱 친밀하게 만들어 주는 축제의 장이 되어야 할 아름다운 성이 추악하고 역겨운 것으로 인식되어 추후 부부관계에도 문제를 일으킬 수 있다. 혹은 강한 자극에 노출되어 정상적인 부부생활에 지장을 초래하기도 한다. 무엇보다 가장 큰 문제는 포르노그라피의 탐닉이 실제 생활로 이어져 쉽게 성폭력의 유혹을 받을 수 있다는 점이다.

솔직히 이 모든 현상의 근저에는 인간의 죄성이 자리잡고 있다. 성에 대한 왜곡된 집착, 관음증, 과시욕, 일탈에 대한 욕구 등이 탐욕스런 인간의 그릇된 욕심과 결합하는 것이다. 그러므로 인터넷 포르노그라피가 상업적인 목적을 지닌 것이든 아니든 수요와 공급의 원칙에서 벗어나지 않는다고 볼 때 개인적인 차원에서 인터넷 포르노그라피가 없어지기 위한 노력의 출발점은 그것 자체에 관심을 끊는 것뿐이다. 즉 인터넷 포르노그라피를 탐닉하거나 기웃거리는 개인의 소비가 없어져야만 또한 제공하는 사람들이 줄게 된다.

모든 상황과 현상을 고려해 볼 때 인터넷 포르노그라피는 가장 우선적으로 치유되어야 할 사이버 중독임에 틀림없다.

포스트모던 사회의 사이버 중독

지금까지 살펴본 사이버 중독 가운데 가장 심각한 사회적 이슈가 되고 있는 것은 온라인 게임과 온라인 포르노그라피다. 이 두 가지에 중독되면 본인의 개인 생활은 물론 당사자와 주변 사람들도 엄청난 타격을 입는다.

그런데 앞에서 말한 여러 중독 현상을 대수롭지 않게 여길 뿐만 아니라 게임이나 포르노그라피, 이 두 가지 이슈가 별것 아니라는 시각을 가진 사람들이 우리 주변에 꽤 있다는 것은 심각한 현실적 괴리현상이다. 일례로 미국의 유명 블로거이자 법학자 중의 한 사람은 사이버 게임과 포르노그라피에 대해 우려보다는 옹호하는 입장을 취한다. 그도 과거와 다르게 오늘날의 청소년들이 과도하게 폭력적인 게임과 음란한 영상에 노출된 것은 분명 시인한다. 하지만 청소년들이 인터넷 상의 노출에 따른 면역과 이미 가상 현실에서 접한 학습효과 때문에 실제 현실에서는 폭력이나 성적 표현에 대한 실천적 의지가 줄어든다는 궤변을 늘어놓는다.[68]

전자 게임의 경우 군대에서 가상 전투에 활용되는 예를 들어 그 실용성을 옹호한다. 맞다. 가상 게임은 군에서 필요하다. 시뮬레이션 장치를 통한 전쟁 게임은 분명히 훈련 효과와 실용성이 있다. 군사훈련 때문에 실제 사람을 죽이거나 도시를 파괴할 수는 없지 않는가? 그러나 군사적 목적을 떠난 '일반 게임'에서 파괴와 살인을 경험하기 때문에 현실에서는 그러지 않을 것이라는 논리는 정도를 넘어선 궤변이다. 오히려 그 반대로, 무의식 중에 학습하게 될 가능성이 더 크기 때문이다.

또한 십대들의 임신율 저하와 성행위 패턴의 변화에 초점을 맞추어 포르노그라피의 순기능을 주장하기도 한다. 그러나 이는 변형된 성행위오럴섹스와 피임에 의한 임신율 저하를 근거로 포르노그라피의 역기능을 묵과하는 것이다. 십대들의 실질적인 성행위 자체의 증가와 사회적인 성폭력 증가를 은폐하는 그의 주장은 옳지 않다. 오픈된 사이버 스페이스의 속성을 지지하는 블로거로서의 믿음 때문이라고 생각하지만 그가 제시하는 궤변의 실질적인 데이터는 너무 빈약할 뿐이다. 또한 그렇게 주장하는 근거를 확인할 방법도 실제적으로는 불가능하다.

그가 영향력 있는 블로거 중의 한 사람이기 때문에 다른 누구보다 그의 말은 심각한 오해를 불러올 수 있다. 뿐만 아니라 그와 유사한 논리를 사람들 사이에 쉽게 전파하는 위치에 있다는 것도 조심해야 할 이유다. 게임이나 포르노그라피 중독의 심각성을 생각하면 이 두 가지가 이미 이 시대 문화의 한 영역으로 자리매김하고 있는 현실 상황에서는 아무리 조심해도 결코 심하지 않으리라 생각한다.

문화이니 그냥 인정할까?

우리가 즐기는 대중문화는 사람들의 정서에 직접적으로 영향을 끼친다. 대중문화는 학교 교육이나 직장 생활에서보다 더 빠르게 우리의 정서를 변화시키고 직접적인 영향을 준다. 일상생활에서 보고 느끼는 영화나 음악, 소설, 드라마, 연극과 같은 대중문화에 우리의 감정이 반응하는 경우와 학교나 직장 생활에 반응하는 경우, 어느 것이 영향력이 빠르고 크겠는가? 사람들의 정서는 공적인 활동이나 통로보다 대중문화나 예술과 같은 사적인 통로에 쉽게 노출된다.

따라서 이 시대의 대표적인 문화 아이콘이 된 게임의 세계관은 사람들의 정서에 크게 영향을 미친다. 여기에 게임문화는 우리가 올바르게 직시해야 할 현실 문제라는 당위성이 있다. 포르노그라피도 마찬가지다. 포르노그라피 역시 하나의 문화로서, 누구나 인정하듯 오래 전부터 존재했다. 조선시대 신윤복 화백도 춘화도를 그리지 않았는가. 성인을 대상으로 하지만 그 표현에 품격이 있으면 에로틱한 것이고, 없다면 포르노그라피며, 더 막장으로 가면 속칭 하드코어다. 포르노그라피에서 우려되는 것은 후자의 케이스들이다. 특히 누구나 마우스클릭 한 번으로 수많은 자료를 보고 모을 수 있는 현실적인 상황에서 말이다.

문화 이야기가 나왔으니 일반 사람들이 가장 쉽게 접근하고 즐기는 TV 드라마에 대해 살펴보자. 특히 유선방송뿐 아니라 위성방송, 디지털 방송 등의 발달로 많은 사람들이 쉽게 접할 수 있다는 점에서 TV는 분명 대중문화를 이끌어가는 코드 중 중요한 위치를 차지한다.

한국에서 유행하는 드라마 장르 중에 막장 드라마가 있다. 아침에 주부들의 무료함을 달래기 위해 자극적인 소재를 내보내더니, 이제는 대부분의 드라마가 시도 때도 없이 막장으로 치달린다. 지하 갱도 저 깊은 곳으로 롤러코스트를 타듯 정신없이 몰아가는 불륜과 패륜과 인면수심의 군상들이 온 TV채널마다 넘쳐난다. 사람들은 이런 드라마가 유해하다는 것을 잘 안다. 그러나 이러한 트랜드가 개인의 정서뿐 아니라 사회 전체에 나쁜 영향을 줄 수 있다고 생각하면서도 그냥 즐겨 본다. 왜? 재미있으니까! 재미있다고 말하며 자신도 모르게 그 문화에 젖어 들고 용인하게 된다.

그런데 그렇게 했기 때문에 한국 사회가 지금 세계에서 첫째가는 높은 이혼율과 늘어가는 가정 해체를 겪고 있으며, 또 이기주의와 배금주의가 더욱 팽배해졌다면 너무 과장된 표현일까?

사람들은 흔히 보고 듣는 것을 모방할 수밖에 없다. 그 문화에 젖어 들어, 그 문화에 동화된 자신의 문제를 당연히 여기거나 합리화하는 방편을 가지게 된다. 사람은 자신이 보는 대로 닮아가며 생각하는 대로 만들어지는 경향이 강하기 때문이다. 그러므로 우리가 어떤 문화 가운데 살아가느냐 하는 것은 우리의 존재를 규정짓는 하나의 큰 틀이 된다.

세속 문화를 뒤로 할 수는 없지만 오늘날의 세속 문화, 대중문화는 선정성, 폭력성, 도덕성에서 너무나 위험한 지경에 이르렀다. 또한 실컷 극악으로 치닫다가 끝에 가서야 어쩔 수 없다는 식으로 선하게 포장하기 때문에 더더욱 위험하다. 속된 말로 과정은 개판인데 끝만 아름답다. 그 과정에서 오염된 행동 방식과 인간 양태는 사람들의 무의식을 점령해 가며 그 기준을 애매모호하게 만들어 버린다.

심리학에서는 이렇게 설명한다. 정신분석학에서 'id'라는 용어가 쓰일 때, 그 영역은 사람의 숨겨진 잠재의식 세계를 의미한다. 이 잠재의식 세계는 성적 본능인 리비도나 발전된 개념의 에로스Eros, 애정의 갈망와, 죽음충동, 즉 파괴본능인 타나토스Thana-tos로, 크게 두 가지로 구분된다물론 더 세분화하여 분석할 수도 있지만 전문적인 영역으로 깊이 들어가는 것은 일단 접어 두자. 그런데 사람의 마음과 생각은 스스로 경계하지 않으면 언제든지 악한 생각이 바로 인간의 id 영역 속으로 숨어든다. 그리고 그곳에 성적충동, 파괴충동, 불안감, 영적 혼돈 등을 지뢰처럼 여기저기 매설한다. 올바른 검열 기준이 없다면 대중문화라는 코드는 바로 이 id 영역에 쉽게 스며드는 특성을 가진다.

다양성을 존중하되 기준은 있어야 한다

현대 사회는 포스트모던 사회다. 따라서 세상에 절대적인 것이 없다는 다원주의가 지배한다. 교통과 통신의 발달로 사람들의 왕래가 빨라지고 정보의 교류도 순식간에 일어나는 정보통신 사회이기도 하다. 또한 이민과 취업으로 인한 사람들의 이동은 한 국가 안에 다문화주의, 다인종주의를 허용하게 한다. 이제 세계 어느 나라, 어느 도시에서도 다원주의는 용인되는 분위기다. 그래서 다양성이 존중되고 개성이 인정받는다. 하지만 반대로 정보통신의 발달로 미디어와 인터넷에 넘쳐나는 온갖 정보와 주장들이 하루가 다르게 난립하여 사람들의 가치관을 혼란스럽게 하기도 한다.

● 사이버 세계에서 개인은 절대적인 통제력을 갖고 또한 그 힘에 쉽게 중독된다. 게임을 하면서 현실에서 좌절된 감정의 배출과 억눌린 자아실현을 이루고자 하기 때문이다.

이처럼 이념의 혼재 혹은 가치관의 전도가 빠르게 진행될 때 흔히 사람들이 취하는 태도는 그 어떤 것도 믿지 않는 것이다. 한 프랑스 철학자는 포스트모더니즘을 '거대담론Meta-Narratives에 대한 불신'이라고 단순화하여 말하기도 했다. 이 말은 자신이 속한 사회를 총체적으로 분석하고 그 사회가 나아갈 방향까지도 제시할 수 있는 사상적 체계 그 자체를 부인한다는 말이다. 즉 사회의 담론을 부인하는 것이 바로 현 포스트모더니즘 시대의 특징이다.[69]

그러므로 포스트모더니즘 사회에서는 어떤 절대선, 절대도덕도 쉽게 부정된다. 문화 · 예술 활동은 인간의 어두운 쾌락을 유도하는 것을 공공연히 용인하며, 감정의 카타르시스라는 허울 아래 밝고 선한 것, 도덕적인 것보다 어둡고 음울하며 금기를 깨는 것을 대중화한다. 그리고는 자신도 모르게 그 영향 아래 들어가

버린다. 결국 각자의 개성을 내세우면서 나도 옳고 당신도 옳다는 포스트모던한 상황윤리가 사회의 절대기준을 하나씩 무너뜨리는 것이다.

이것은 한국에만 국한된 상황은 아니다. 이미 전 세계적으로 문화 · 이념의 트랜드가 된지 오래다. 건축, 문학, 영화나 게임, 소설 등 모든 영역에서 고등문화나 하등문화 구분 없이 똑같이 적용되고 있다. 아름답고 고귀한 것뿐만 아니라 지저분하고 더러우며 열등한 것이 똑같이 문화가 되고 작품이 된다.[70] 정리된 것은 물론 난잡하고 어지럽게 배치된 상태나 과정도 모두 동등한 예술세계로 인정받고 있다. 그래서 변기통도, 부서진 고철더미도 모두 예술 작품이 될 수 있는 것이다. 특히 인간의 배설물 같은 감정이나 모든 성적 담론 역시 존중되는데, 더욱이 이 두 가지는 현대 사회에서 돈과 결합하여 급속히 힘을 얻고 있다.

이렇듯 포스트모더니즘의 영향 아래 모든 문화와 대중 작품에는 일정한 기준이 없어졌다. 오직 자기 자신만이 기준이다. 인간의 이성을 불완전한 것이라 믿으며 모든 것은 상대적이라고 보기에 개개인이 도덕의 주체가 되는 것이다.

이런 현상은 게임의 세계에서 더욱 두드러진다. 이 영역에서 사람들은 절대적인 주체가 되고 창조자가 되기 때문이다. 사이버 세계에서 개인은 절대적인 통제력을 갖고 또한 그 힘에 쉽게 중독된다. 게임을 하면서 현실에서 좌절된 감정의 배출과 억눌린 자아 실현을 이루고자 하기 때문이다. 현실의 불완전함을 가상 세계에서 보상받고 싶은 마음이 더욱 강해진다. 또한 채워지지 않는 숨겨진 욕망은 포르노그라피의 관음증으로, 그리고 인터넷 집단 이지메로도 나타난다.

현대 사회가 금기를 깨는 자유에서 쾌락과 희열을 느끼는 것처럼 사이버 스페이스에서도 이러한 현상이 포스트모던하게 적용되어 나타난다. 여기에 우리의 무의식이 틈새를 허용하면 그 틈은 점점 커져 개인을 삼키고 가족을 파괴하며 사회를 무너뜨릴 것이다. 그러므로 온라인 게임이나 포르노그라피 중독에 관용하는 것, 편집증처럼 온라인 관계성에 빠져드는 것, 불특정 다수와 채팅에 몰입하는 것, 현실을 무시하고 사이버 상에서 일에만 중독되는 것, 이 모든 현상들은 결코 대충 간과하고 넘어가서는 안 되는 사회병리학적 현상이다.

사이버 세계는 현실적 힘을 가졌다

오늘날 사이버 세계는 이미 현실 속에 깊이 들어와 있다. 그리고 앞에서 살펴본 여러 중독 증상에서 보듯이 실제로 현실생활에 지대한 영향을 미치고 있다. 그곳에 중독되는 순간 우리의 정신과 기억은 폐기컴퓨터의 Delete 명령되거나 편집Editing될 가능성에 놓인다. 현실과 함께 동거하는 사이버 세계의 속성 때문이다. 그렇다면 우리가 살아가는 실생활이 사이버 상의 관계 때문에 재설정

reboot될 수도 있을까? 잠정적인 결론은 그렇다고 볼 수도 있지만 이에 대한 최종적인 답은 유보하고 싶다.

무엇보다 사이버 세계에서의 관계가 현실에 큰 영향을 미칠 수 있는 것은 현실의 자아가 사이버 상의 자아로 인해 위로받거나 상처받는 그러한 세계에서 우리가 이미 살고 있기 때문이다. 더욱이 그 정도가 심해지면 자신의 정체성에까지 의문을 가지게 된다.[71] 사이버 세계에서의 자아와 현실 속의 자아를 혼동하는 것은, 어쩌면 사이버 세계에서의 자아가 더 솔직하고 현실의 자아는 마치 가면을 쓴 것처럼 느끼기 때문일지도 모른다.

사이버 중독은 사람들의 영혼과 정신ghost을 네트워크의 틀shell 속에 가두고 빠져 나오지 못하게 하는 힘을 가졌다. 인간의 육체 속에 담긴 정신과 영혼이 네트워크 속 가상 세계로 이전transportation하는 현상이 바로 사이버 중독이다. 이것은 현실에 나타난 극적인 우화다. 그 예는 실로 다양하다. 청소년과 어른의 구분이 없는 온라인 게임 중독, 웹서핑, 쇼핑 중독, 이메일 강박증, 핸드폰이 없이는 불안한 세대, 무분별한 사이버 테러, 개인의 존엄을 짓밟는 익명의 영상, 현실과 가상 세계의 혼동 등 이 모든 것들이 우리의 정신과 영혼을 황폐하게 한다.

그러함에도 사람들이 점점 더 사이버 세계에 빠져드는 것은 무엇 때문일까? 사이버 세계에서는 현실적인 자아와 다른 별개의 자아가 존재한다. 어쩌면 사람들은 그곳에서 다음 세기의 희망을 기대하는지도 모른다. 그런 기대를 안고 그 세계에 빠져들면 사이버 스페이스는 정말 천국 같은 세상을 열어 주는 듯한 착각을 불러일으킨다.[72] 그리고 지금, 사이버 스페이스가 현실의 삶을 위해서 만들어졌지만 현실의 삶을 뒤로하게 만드는 힘 또한 어느새 가지게 되었다. 바로 중독의 힘 때문이다.

중독도 선택이다

중독은 사이버 스페이스를 원래의 목적과는 다른 모습으로 우리 곁에 존재하게 만든다. 인터넷 그 자체가 타락한 것이 아니라 사이버 스페이스를 잘못 이용하는 인간의 타락한 본성이 문제다. 이 세상에 존재하는 어떤 선한 목적의 피조물도 인간의 욕망에 오용되면 본래의 목적을 벗어난다. 세상의 모든 피조물이 인간의 타락으로 인해 운명을 같이 하기 때문이다. 인간이 만든 피조물도 예외가 될 수는 없다. 즉 하나님의 창조본성을 따라 인간이 만든 모든 것은 비록 그 출발이 선한 의도에서 비롯되었다 해도 인간의 타락한 본성의 영향 아래 있는 것이다.

그러므로 사이버 스페이스라 불리는 컴퓨터 네트워크망도 타락한 인간의 본성에 따라 사용되고 운영되기에 필연적으로 그 영향을 받는다. 생명과 의식이 없는 가상의 세계지만 그것에 숨결을 불어넣고 운영하는 인간이 불완전하기 때문에 문제를 일으킨다. 어떤 사람들은 하루 종일 게임하다 죽는다. 어떤 이는 현실의 배우자보다 가상 세계에서 맺어진 배우자와 더 즐거운 시간을 갖는다. 심지어 결혼까지 한다.[73] 그리고 마침내 컴퓨터에 매달린 시간이 그의 일상생활의 대부분을 차지해 버린다. 그리곤 그곳으로 도피하고 만다.

이렇듯 사이버 스페이스에서 인간의 타락한 본성과 잘못된 욕망이 질주할 때 그것은 마침내 인간의 내적, 외적 세계간의 경계를 흩어버릴 것이다. 더욱이 그 안에서 인간은 감히 전능을 꿈꾸기도 한다. 하지만 현실을 떠난 가상의 세계 속에만 갇힌 인간은 필연적으로 정신병의 전형적인 증세를 겪는다.[74] 그리고 중독으로 왜곡된 세계관으로 도리어 현실을 침해하는 시도를 한다.

앞부분에서 밝혔듯이 한국은 세계 최초로 인터넷 중독치료 캠프까지 운영하는 지경에 이르렀다. 우리에게는 회복을 위한 구체적인 방법론이 필요하다. 이것은 나의 문제이자 내 가족의 문제이며 이웃의 문제다. 사이버 스페이스는 인간이 만든 세계이기 때문에 그곳에도 선과 악이 똑같이 존재한다. 그러므로 현실을 떠난 사이버 중독에 대해 모두가 함께 관심과 노력을 기울여야만 한다. 그리고 그 출발은 바로 자기 자신과 자기 가족으로부터 시작되어야 한다.

중독도 선택이다. 어쩔 수 없이 끌려다니며 현실을 떠난 사이버 세계에서 헤매일 것인지, 힘들더라도 삶을 윤택하게 하는 생활의 일부로 남겨둘 것인지 선택해야 한다.

우리 가족도
사이버 중독인가?

한국정보화진흥원에서 운영하는 정보문화 포털사이트 www.iapc.or.kr를 방문하면 인터넷 중독을 자가 진단할 수 있는 서비스를 찾아 스스로의 상태를 점검할 수 있다. 그리고 네이버나 구글에서 인터넷 중독, 사이버 중독을 검색하면 지금 사회에 만연한 이 중독의 결과가 나온다 인터넷 중독을 자세히 알기 위해 인터넷을 검색해야 하니, 이것 또한 아이러니 아닌가?. 이런 모든 공공 · 기관 · 개인 사이트들은 인터넷 중독에 대한 다양한 정보를 사람들에게 제공한다.

이 책은 그러한 인터넷 검색 결과나 유사한 정보를 주기 위해서 쓰이지 않았다. 이 책이 목적하는 것은 자신과 자신의 가정이 얼마나 사이버 스페이스의 영역에 들어가 있으며 또 어떠한 영향을 받고 있는지를 깊이 생각하는 계기를 주기 위해서다. 그렇다면 그것이 지금 나와 무슨 상관이 있냐고 반문할지도 모르겠다.

온라인 게임, 채팅, 커뮤니티, 블로깅, 쇼핑, 포르노그라피와 같은 모든 사이버 중독은 예전처럼 한 장소에 가만히 있는 stand alone 독립적이며 고정적인 컴퓨터에만 존재하지 않는다고 2장 서두에서 밝혔다. 우리 가운데 존재하는 사이버 중독은 네트워크에 연결된 모든 기기들과 연관된다. 고정형 데스크탑 컴퓨터를 비롯하여, 노트북, 아이패드와 같은 휴대용 PC, 아이팟, 스마트폰과 같은 무선통신 기기들, MP3나 온라인 콘솔게임기, 진화된 GPS와 같은 멀티미디어 기기들, 어디서나 이용할 수 있는 공공용 컴퓨터, 거리마다 설치된 소형 디스플레이 기기들, 그 모든 것들이 우리를 사이버 스페이스로 초대한다. 직장이나 학교에서 접속하는 사이버 스페이스는 말할 것도 없다. 그러므로 우리 일상생활이 이미 그 사이버 스페이스 영역에 깊이 들어와 있는 것이다.

이제 질문을 하나 던진다. 과연 당신이 사이버 스페이스에서 보내는 시간은 얼마나 되는가? 일터나 학교는 차치하고, 가정에서 아내나 남편 혹은 아이들과 함께 지내며 서로에게 집중하는 시간, 책을 읽거나 공부를 하는 어떤 활동들보다 게임, 웹서핑, 채팅, 동영상 혹은 검색 등 그 어떠한 이유에서든지 사이버 스페이스에서 보내는 시간이 훨씬 많다면 당신은 이미 사이버 중독 위험에 노출되어 있는 것이다. 만약 그 시간이 월등히 많고 또 늘 거기에만 온 신경과 정열이 쏟아진다면 당신 혹은 당신의 아이는 사이버 중독에 걸린 것이 확실하다. 다른 곳도 아닌 당신의 가정에서 말이다.

TV도 역시 사이버 스페이스의 한 영역이라 볼 수 있다. TV는 이미 오래 전부터 가족들의 시선이 서로를 향하지 못하게 만든 사이버 스페이스의 만형이다. 가정에서 다른 활동보다 TV시청 시간이 많다면 이 역시 사이버 중독이다. 일례로 당신의 자녀들이 휴일에 일어나자마자 컴퓨터부터 켠다면 그리고 저녁에 잠자리에 들 때도 컴퓨터를 끄면서 잠자리에 든다면 당신은 분명 자녀의 사이버 중독을 걱정할 것이다 솔직히 이 문제로 자녀들과 한바탕 난리를 치르지 않는 가정이 별로 없지 않을까?. 또한 당신 역시 휴일에 TV를 켜고 소파에 누워 아침을 시작하고 식사하면서도 보고, 또 쉰다고 하루 종일 TV와 뒹군다면 자녀들 눈에 당신 역시 중독으로 보일 것이다.

이제 가정에서 다음 항목들을 위해 할애하는 시간을 각자 체크해 보자. 2장에서 소개한 개리 스몰 박사의 사이버 중독 7가지 진단 척도가 명확한 개념을 제공한다면 지금 이 질문은 아주 단순한 양적 진단법이다.

1) 당신이나 아이들이 인터넷 서핑에 몰입하는 시간
2) TV에 몰입해서 보내는 시간
3) 온라인이든 오프라인이든 게임에 몰입하는 시간
4) 아이팟, 핸드폰, 아이패드와 같은 휴대용 기기에 쏟는 시간
5) 온라인 채팅과 커뮤니티, 블로깅에 몰입하는 시간
6) 페이스북, 싸이월드와 같은 소셜 네트워크에 쏟는 시간
7) 일이든 취미든 인터넷에 연결되어 있는 시간

이것들 중 어느 개별 항목 하나가 당신과 당신 가족의 전체 저녁시간의 70% 이상을 차지하거나 혹은 합하여 70% 이상을 차지한다면 당신의 생활은 사이버 중독 위험에 처해 있으며, 만일 거의 매일 저녁 그렇다면 확실한 사이버 중독이다. 우리 가정이 그랬었다. 하루도 빠짐없이 … 늘 90% 이상이었다.

당신은 어떤가? 당신과 당신 가정은 얼마나 사이버 중독에서 자유로운가?

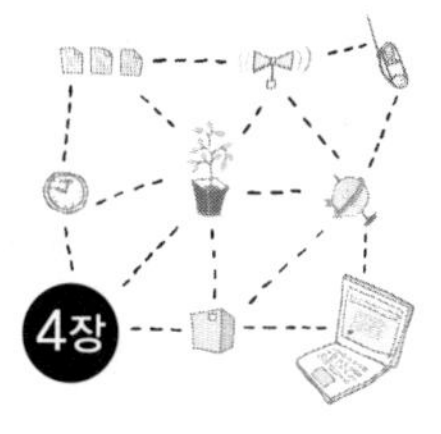

사이버 세계에 반응하는 가정별 유형

회피, **수용** 혹은 **방치**, 아니면 **공존**!

회피 혹은 수동적인 가정모델

마크, 컴맹이었음을 후회하다

마크는 현재 밴쿠버에서 약 90Km 떨어진 아보츠포드라는 한 도시에 살고 있다. 그의 나이 57세. 이제 중년을 넘어가는 많은 나이라 생각할 수도 있지만 아직은 기력과 혈기가 왕성한 그는 큰 목소리에 힘도 넘치고 모든 일에 적극적이며 매우 활동적이다.

그런 그가 이상하게도 지난 2주간 밖으로 잘 나오지도 않고, 거실에 있는 컴퓨터에 매달려서 하루 종일 시간을 보내고 있었다. 다름 아닌 컴퓨터라는 기계에 정력을 쏟기 시작한 것이다. 그런데 다른 모든 일은 금방 몸에 익는데 도통 이 컴퓨터라는 놈은 왜 이렇게 말썽인지, 마음대로 잘 작동되지 않았다. 그는 컴맹에 속했다. 살아오면서 별로 사용할 일이 없어 집에 있는 컴퓨터도 사놓기만 하고 여태 잘 쓰지도 않았다. 그런데 이제 와서 보니 모니터도 오래 되고 화면 크기도 작아 노안이 된 그는 화면을 잘 볼 수도 없었다. 내친 김에 지난 주에 27인치짜리 큼지막한 것으로 바꾸었다.

그런데 이번 주는 프린터가 말썽이었다. 여태까지 먼지에 쌓여 한 켠에 방치되어 있어서 그런지 작동이 잘 되지 않았다. 선을 다시 연결해 보기도 하고 온갖 수를 써도 도통 컴퓨터랑 연결 자체가 안 되었다. 결국 이웃집 학생을 불러 약간의 수고비를 주며 손보게 했다. 그런데 해결책은 의외로 너무나 허탈한 것이었다. 그 학생은 마크의 거실에 들어와서 그저 힐긋 한 번 보더니만 프린터의 리셋 버튼을 눌렀을 뿐이었다. 그리고 말라붙은 잉크 카트리지를 새 것으로 하나 사서 끼웠다. … 그는 속으로 이젠 기계도 나이든 사람을 괄시한다고 투덜대는 것 외에는 별다른 방법이 없었다.

그가 이렇게 난데없이 컴퓨터에 매달리는 것은 그 나름대로 말 못할 고충이 있었기 때문이다. 그는 이혼남이었다. 7년 전에 헤어진 아내는 두 아이를 데리고 밴쿠버 시내에 살고 있었다. 그런데 3년 전 뜻하지 않은 말다툼으로 헤어진 아내의 집에서 큰 몸싸움을 한 후, 경찰은 아내와 아이들이 사는 곳에 접근하지 못하는 접근금지령을 내렸다어떤 이유에서든지 폭력이 개입되면 캐나다의 법은 매우 엄하다. 그래서 이제 사랑하는 아이들과 이야기도 나누지 못하고 얼굴도 볼 수 없게 된 것이다. 아내는 원래 그렇다 치더라도 아이들에게 전화도 할 수 없게 된 그는 절망감에 무기력증에 빠질 지경이었다.

그런 그에게 얼마 전 한 가닥 서광이 비쳤다. 다름 아닌 페이스북이라는 인터넷 서비스였다. 얼마 전 이 서비스에 가입해서, 친구의 아들을 통해 알게 된 큰 딸의 페이스북에 별명으로 친구 신청을 했다. 거기에서 아내 몰래 아이들의 근황과 사진을 보며 많은 위로를 받게 되었다. 아이들에게서 온 글도 읽고 또 사진을 출력하기 위해 지난 2주간 그렇게 컴퓨터에 붙어 두문불출한 것이다.

● 사이버 스페이스를 막연히 겁내거나 무작정 통제하는 것은 가정에 팽팽한 긴장과 예상치 못한 어긋난 결과를 가져온다. 강제적으로 아이들을 현실 상황에서 유리시키는 것은 이미 실현된 시대상황을 거스리는 역효과를 가져오기도 한다.

그는 지금까지 자신이 컴맹이었다는 사실이 이렇게 불편하게 느껴질 줄 정말 몰랐다. 이제 사이버 스페이스는 마크의 곁에 없어서는 안 될 존재로 다가왔다. 자신의 생활에서 그 필요성을 절감하지 못하던 소셜 네트워크가 그의 생활에서 유일한 낙으로 자리 잡게 되었다.

조기유학, 또 다른 중독의 기회

앞서 2, 3장에서 소개한 사이버 중독 증세들 때문에 어떤 가정들은 그 폐해를 막기 위해 아예 자녀들을 컴퓨터와 인터넷으로부터 단절시키는 시도를 한다. 아이들을 강제로 컴퓨터에서 격리하는 방법을 취하거나 어쩔 수 없이 허용하더라도 민감하게 경계를 하는 것이다. 그래서 부모의 입에는 늘 잔소리가 붙어다닌다.

솔직히 나도 그랬다. 사이버 중독에 한창 민감할 때, 나 자신도 잘 실천하지 못하면서 아이들에게 컴퓨터 그만해라, 게임 너무 하지 마라, 공부 먼저 해라 등 결코 부드럽지 않은 말투로 아이들에게 강요했다. 아내도 컴퓨터 때문에 아이들과 늘 신경전을 벌이다 보니 집안은 늘 경계와 긴장감이 팽팽히 감돌았다. 그러면서 날카로운 반응들과 불만 섞인 복종 가운데 아이들 성격도 거친 면을 보일 때가 많았다.

언젠가 한국의 팍팍한 교육 여건과 학업 스트레스 때문에 컴퓨터에 빠져 살던 아이를 뉴질랜드로 유학 보낸 가정 이야기를 들었다. 뉴질랜드에 가면 영어공부도 하고 컴퓨터로부터 좀 멀어질 수 있다고 생각한 결과였다. 그러나 사정상 부모가 같이 갈 수 없어 아이만 홀로 외국인 가정에 홈스테이 시킨다는 말을 들었을 때 나는 고개를 갸웃할 수밖에 없었다. 그것은 여러모로 보나 결코 바람직한 해결책이 아니었기 때문이다.

이곳 캐나다 밴쿠버 지역은 조기 유학 온 학생들이 많다. 초등학교 5, 6학년부터 중학생 · 고등학생들이 골고루 있다. 그 중에 중학생 연령이 가장 많은 편이다. 그런 유학생 가운데 상훈이라는 학생이 있었다. 그 아이는 부모의 권유로 2년 전에 이 곳 밴쿠버에 유학 와서 친척 집에 머물렀다. 그러나 아이의 친척은 이민생활이 바쁜지라 아이를 마땅히 잘 돌볼 시간도 없었을 뿐 아니라 상훈이 자신도 서먹한 친척과 어울리기보다 자기 방에 들어가 혼자 있기를 좋아했다.

낯선 곳에서 친구도 사귀기 힘들고 또 언어의 장벽도 높아 상훈이는 늘 혼자 방에서 인터넷과 온라인 게임에 열중하곤 했다. 그렇게 2년을 보낸 상훈이는 예전의 쾌활한 성격은 온데간데없고 이제 친구도 별로 없이 폐쇄적으로 늘 혼자 지낸다고 한다. 상훈이의 이야기를 들으면서, 뉴질랜드에 유학 간 아이는 어떤지 걱정이 되었다.

사이버 스페이스를 막연히 겁내거나 무작정 통제하는 것은 가정에 팽팽한 긴장과 예상치 못한 어긋난 결과를 가져온다. 강제적으로 아이들을 현실 상황에서 유리시키는 것은 이미 실현된 시대 상황을 거스리는 역효과를 가져오기도 한다.

수용 혹은 방치하는 가정모델

ICO를 아시나요?

2004~2005년은 내가 미친 듯이 비디오 콘솔 게임에 빠진 기간이다. PS2가 한창 인기를 끌 무렵, 나는 직장과 삶에서의 스트레스를 게임이라는 가상 공간에서 마음껏 풀고 있었다. 명분은 그럴듯했다. 최신 게임기 하나를 거실에 놓아두고 아이들과 함께 가족끼리 즐거운 시간을 보낸다, 이 얼마나 괜찮은 생각인가? 이때 유빈이도 크레이지 아케이드와 같은 PC게임에 어느 정도 물린 터라 우리 가족은 한 자리에 쉽게 모일 수 있었다.

그런데 여기서 의외의 사실이 발견되었다. 뜻밖에 아내가 게임의 지존이 된 것이다! 이럴 수가 … 난 정말 놀랐다. 어찌 그런 일이 벌어질 수 있는지 상상도 못했다. 아내의 손에서 게임 패드를 떠날 수 없게 만든 게임은 PS게임 역사상 최고의 작품성을 자랑하는알 만한 사람은 안다. 이 게임이 얼마나 예술인지. 이건 클라~식이다 ICO라는 게임이었다.

우리 가족은 게임을 즐기느라 취침시간이 새벽 1~2시가 되는 것은 아예 기본으로 생각했다. 다음날 출근도 해야 하고 학교도 가야 하는데 온 가족이 새벽 4시까지 눈 벌겋게 TV 화면 앞에서 떠날 줄 모르던 때도 많았다. 둘째 지후는 그 나이에 맞게 게임 주인공이 곤경에 처하면 같이 펄쩍펄쩍 뛰며 TV를 칠 기세로 왔다 갔다 했다. ICO 다음에는 Prince of Persia Ubisoft 회사는 이 게임으로 대박을 쳤다, 그란투시모, 슬라이쿠퍼 등 온 가족이 함께 차례차례로 게임들을 격파했다. 아이들 때문에 그나마 M등급mature, 어른용 게임을 하지 않았던 것이 다행이라면 다행이었다.

또한 나는 아내와 아이들이 게임에 빠진 틈을 타, 방해받지 않고 인터넷의 세계에 빠져 나만의 시간을 즐기기도 했다. 한 가지 위안이 있다면 아이들이 자신들의 방에서 좁은 PC 모니터에 집중하지 않았다는 것이지만, 결국 저녁시간 내내 온가족이 게임만 하는 결과를 낳았다.

그리고 그 하이라이트는 PS2게임기에 빔 프로젝트를 연결한 어느 날 밤이었다. 쿠~궁 … 그것은 새로운 환희였다. 아파트 방벽 하나를 스크린으로 만들고 서라운드 스피커까지 연결해 완벽한 시스템을 구축하고야 말았다. 거기에 컴퓨터 연결은 당연히 기본! 영화와 게임, 모든 것이 시청각으로 풀가동되었다.

그러나 그 열매는 쓴 것이었다. 아이들은 학교에서 졸고, 나도 졸고, 아침은 늘 나른하고, 아내도 같이 피곤해져 아침도 거르기 일쑤였다. 정신을 차리고 나오기까지 우리 가족은 모두 사이버 스페이스를 수용했다기보다는 그 세계에 몰입된 삶을 살았던 것이다. 두 아이 모두 초등학생 때였으니 나는 얼마나 대책 없는 부모였는가! 나는 우리 가족을 사이버 중독으로 이끈 원흉이었다.

방치된 아이들

2010년 9월 어느 신문에 실린 다음의 기사는 사이버 중독에 대한 가족의 역할에 대해 시사하는 바가 크다.

> 서울 노원구의 한 초등학교에는 정부 도움으로 인터넷을 접하고 있는 학생이 한 학급[32명]에 많게는 10명씩 있다. 컴퓨터를 기증받거나 인터넷 통신비를 지원받는 저소득 가정의 자녀들이다.
>
> 아빠 없이 엄마와 사는 5학년생 A[12세] 군도 그 중 하나다. 컴퓨터가 유일한 친구인 A군은 새벽 2시 넘어서까지 인터넷 게임을 하는 게 일상이 됐고 학교 수업 때는 거의 엎드려 잔다.
>
> 기초생활수급 대상자 가정의 B[13세] 군은 매월 1만 8,000원씩 교육당국으로부터 인터넷 통신비를 지원받고 있다. B군은 하루라도

인터넷 게임을 거르면 친구들에게 시비를 걸어 주먹을 휘두르는데, 전형적인 게임 중독자의 금단禁斷 현상을 보인다. 이 학교에서 인터넷 중독 '잠재 위험군'에 속한 학생은 20여 명. 3명은 즉각적으로 전문상담과 치료가 필요한 '고위험군' 판정을 받았다.

정부와 지자체, 교육 당국이 저소득 가정 어린이들의 정보화 능력을 높이기 위해 컴퓨터와 인터넷 통신비를 지원하는 정책이 오히려 학업성취도를 떨어뜨리고 있다는 연구결과가 나왔다.

서울시 교육청이 지난 7월 서울 시내 초등학교 4학년 학생 5,000여 명을 표본 삼아 분석했더니 컴퓨터나 통신비 지원을 받는 한 부모 가정의 자녀들이 하루 평균 20분 온라인 게임을 더 많이 하고, 국어 · 영어 · 수학 평균 점수도 낮은 것으로 나타났다. 서울시 교육청은 "형편상 컴퓨터 구입이 어려운 한 부모 가정 등 저소득층에 컴퓨터와 인터넷 통신비를 집중 지원했더니 오히려 공부 시간이 줄어드는 결과를 낳았다"며 "한 부모 가정 자녀들의 국 · 영 · 수 평균 점수가 양兩부모 자녀보다 5점 정도 낮은 것으로 조사되는 등 온라인 게임으로 인한 성적 저하가 눈에 띄었다"고 밝혔다.

정보 격차를 줄이기 위해 추진한 저소득층 지원사업이 학력 격차를 심화시키는 역효과를 냈다는 것이다. 조사 · 분석을 맡은 박현정 서울대 교수는 "온라인 게임을 1시간 더 할수록 국 · 영 · 수 평균점수는 2.3점 낮아지는 것으로 나타났다"며 "저소득 가정 정보화지원 사업이 자녀들의 정보화 소양을 높이는 효과는 미미한 반면, 온라인 게임에 빠져 성적이 떨어지는 현상은 뚜렷했다"고 말했다.

서울시 교육청은 "한 부모 가정의 자녀는 경제활동에 전념하는 부모의 통제를 받지 않아 온라인 게임에 빠질 가능성이 크다"며 "저소득 가정에 정보화 지원을 할 때 컴퓨터 사용의 통제력을 높이기 위한 방안도 함께 고안해야 한다는 결론을 얻었다"고 했다.

하지만 맞벌이 저소득 가정이나 한 부모 기초생활수급 가정 등에서 자녀들의 컴퓨터 사용을 통제할 방법이 마땅치 않다. 그렇다고 이들 가정에 대한 정보화 지원 사업을 접을 수도 없어 교육 당국은 딜레마에 빠졌다. 일부에서는 이 같은 부작용을 줄이기 위해 지원대상인 저소득 가정 부모들에게 인터넷 중독의 위험성과 컴퓨터 활용방법을 함께 교육해야 한다고 주장하나, 생계 꾸리기에 바쁜 부모들이 동참할지는 불투명하다.[75]

기사에서 보듯이 어떤 경우든 부모 통제가 없이 아이들이 사이버 스페이스에 젖어 사는 것은 손쓸 사이 없이 아이들이 사이버 중독에 빠져들게 만드는 지름길이다.

한 부모 가정이든 양부모 가정이든 자녀와 함께 보내는 시간이 없다는 것은 치명적이다. 저소득층이든 고소득층이든 상관없다. 회사 일이나 사업에 바쁘고 생계 꾸리기에 정신 없더라도 가족끼리 함께하는 시간은 무슨 일이 있어도 꼭 가져야만 한다. 사이버 중독을 깨닫고 그것을 통제할 수 있는 힘은 아이들 스스로 갖기 힘들고 오직 부모들이 함께할 때 가능하기 때문이다.

공존 및 변혁하여 즐기는 가정모델

앞의 두 가지 경우, 즉 사이버 스페이스를 아예 무시하거나 수동적으로 받아들이는 경우, 혹은 너무 적극적으로 수용한 나머지 몰입하게 되는 경우 둘 다 바람직하지 않다.

그렇다면 어떻게 균형 잡힌 사이버 생활을 영위할 수 있을까? 이 책이 고민하는 문제가 바로 이것이다. 이제 이 책의 2부에서 현실에서 우리 삶에 존재하는 사이버 스페이스의 정체와 속성을 물리적인 하드웨어 인프라의 세계와 소프트웨어적인 가상 세계로 나누어 분석 설명하고자 한다. 사이버 스페이스가 이미 현실 세계에서 없어서는 안 될 하나의 사회 시스템이 되었기 때문에 이것이 어떻게 만들어지는지 정확한 이해가 필요하기 때문이다.

사이버 스페이스란 물질적인 현실 세계와 공존하는 또 하나의 실존 세계이므로 그것을 올바르게 창조해 가고 영위하기 위해서는 나름대로의 굳건한 세계관이 필요하다. 그러므로 이 책을 관통하는 주제는 사이버 중독에 매몰되지 않는 인간성 회복에 있다.

이 책의 1부에서 사이버 중독이라는 사회현상을 중심으로 설명했기 때문에 2부의 사이버 스페이스 분석은 다소 비판적인 색채를 많이 가지고 있다. 그러나 그 가운데 우리 각자가, 우리가 지향하게 될 사이버 스페이스와의 바람직한 공존을 생각해 볼 기회를 가지려고 노력하였다. 그리하여 사이버 스페이스와 올바르게 공존 혹은 변혁하여 즐기는 가정모델은 마지막 3부에서 최종 정리할 것이다.

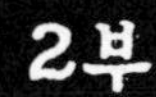

일상 속으로 들어온 사이버 스페이스

사이버 스페이스는 이제 일상생활이 되었다.
컴퓨터, 핸드폰, 아이패드, MP3 등 사이버 기기는
대부분의 사람들에게 삶의 필수품이 되었다.
광케이블을 통한 인터넷망으로 세계는 하나가 되었고,
우리 삶의 많은 부분이 인터넷과 컴퓨터에 의해 움직인다.
사이버 세계가 피할 수 없는 현실이라면
지금 우리의 위치를 아는 것은
무엇보다 중요하다!

IT 전문가 가족의 **사이버 중독 탈출기**

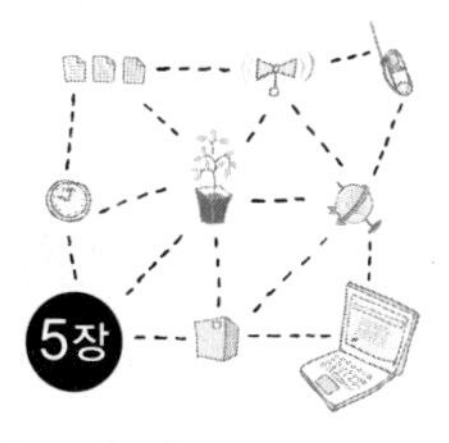

세상은 거미줄web로 묶여 있다

세상의 **네트워크**와 **사이버 스페이스**의 구성

김연아와 광케이블

2010년 밴쿠버 동계 올림픽의 하이라이트는 김연아였다. 올림픽에 참가한 세계 각국의 선수들 모두 화려하고 멋있었지만 한국에서 온 이 작은 여성이 펼치는 빙상경기에 세계인이 주목하였다. 밴쿠버 근처에 살지만 아쉽게도 그녀의 경기를 스케이트 링크장에 가서 직접 볼 수는 없었다. 워낙 표가 비싸기도 했지만 미리 예약하고 구매하는 것이 결코 쉬운 일이 아니라서 결국 텔레비전을 보면서 열심히 응원할 수밖에 없었다. 김연아가 빙상 위에서 화려한 연기를 펼치는 순간순간 나도 한국에서 TV를 보는 사람들과 같이 가슴 졸이며 그녀의 연기를 응원하였다.

이렇듯 세계 각처에서 같은 시간에 스포츠 방송을 보기 위해서는 온갖 최첨단 방송장비가 동원되지만 이 모든 장비들도 필히 광케이블이란 존재가 있어야만 그 진가를 발휘한다. 올림픽 경기의 모든 실시간 방송 중계와 인터넷을 통한 경기 동영상들은 광케이블이라는 전송매체를 통해야만 전 세계로 동시에 송출될 수 있기 때문이다. 동계 올림픽 기간 중 세계 어디서나 깨끗한 화면으로 그녀의 경기를 볼 수 있었던 것도 모두 이 광케이블 덕분이다.

지금도 동네 전파상 쇼윈도우나 백화점 조명등 코너를 유심히 살펴보면 광케이블을 쉽게 발견할 수 있다. 머리카락 같이 가는 유리섬유 다발로, 꽃 모양이나 불꽃 모양을 만들어 그 끝에서 형형색색의 예쁜 빛이 나오는 조명 장식물을 본 적이 있을 것이다. 그것이 바로 광케이블로 만든 것이다. 가격도 비싸지만 어떻게 보면 굉장히 촌스럽게 보이기도 하는 광케이블은 사실 인테리어 조명기구보다 오히려 통신시설에서 없어서는 안 될 아주 중요한 물질이다. 우리가 매일 이용하는 모든 통신수단들, 즉 전화, 방송, 휴대폰, 인터넷, 팩스 등의 전송회선은 각 가정이나 사업장에 금속재질로 연결되지만 최종 소비자 저편에 존재하는 인프라 시설에는 모두 광케이블이 이용된다.

CD · DVD플레이어가 레이저 빛으로 소리와 영상을 전송하듯 광케이블로 전송되는 빛 속에는 엄청난 양의 미디어 정보가 담겨 있다. 광케이블은 한국의 모든 도시와 도시를 연결할 뿐 아니라 바다를 건너 일본과 중국, 동남아, 그리고 미국과 유럽으로 연결된다. 대륙과 대륙을 넘나들며 전 세계를 연결한다. 그리고 그 길이는 지구를 몇 바퀴나 돌고도 남을 정도다. 이 광케이블망이 바로 세상의 모든 정보를 전송하는 통신루트다. 인터넷도, 전화도, 방송도, 그리고 모든 컴퓨터 통신도 이 루트를 통한다.

그 먼 거리와 깊은 바다를 광케이블로 연결했다고? 믿기지 않겠지만 그렇다. 그것도 한두 개가 아니라 수십 개의 케이블 루트가 대륙과 대륙을, 나라와 나라들을 연결하고 있다. 지구를 친친 감아 바다의 가장 얕은 곳을 따라서 한국에서 미국으로, 미국에서 유럽으로 연결되어 있다. 그리고 유럽에서 지중해와 홍해를 거쳐 인도양을 돌고 동남아시아를 실타래처럼 연결한 후, 다시 한국의 부산 앞바다로 대부분 들어온다. 일반인들은 이처럼 대륙과 나라들을 연결하며 그물처럼 설치된 광케이블망의 존재를 잘 모른다. 요즘 와서 초고속 인터넷망을 제공하는 통신사업자들의 광고 문구 속에 광통신이니 광랜이니 하는 용어가 나와서 어렴풋이 이해할 뿐이다.

이러한 광케이블을 바다에 매설하는 작업은 모두 특수 설계된 선박의 몫이다. 이 특수 선박은 태평양과 대서양, 인도양 등 모든 바다를 일일이 항해하며 통신 케이블을 매설한다. 돛처럼 높이 들어 올린 크레인 팔로 팽팽히 당겨진 케이블을 아래위로 오르락내리락하며 바다 속에 매설하는 것이다. 어떤 경우에도 바다 속에서 크게 요동함이 없도록 탄탄히 공사하는 것이 가장 중요하다. 이 작업에 참여한 사람의 경험담을 들은 적이 있는데, 행여 실수로 팽팽히 당겨진 케이블이 끊겨 탱- 하고 튀어 오르면 대형참사가 일어난다고 한다. 인부들의 신체는 말할 것도 없고 그것에 부딪히는 모든 생명체가 절단되는 것이다. 안전수칙에서 조금이라도 어긋나면 굉장히 위험천만한 작업이지만, 그 모든 수고 덕분에 전 세계의 통신망이 지금과 같은 인프라를 갖추게 되었다.

세상을 묶은 광케이블과 실제 통신 네트워크

이 책에서 이야기하는 사이버 스페이스를 알기 위해서는 먼저 그 가상 세계를 구축하는 실제적인 현실의 아키텍처architecture, 그 인프라Infra[76]망을 파악하면 한층 이해하기가 쉽다. 앞서 세상의 모든 나라를 묶는 광케이블망을 간략하게 설명했는데, 이제 그 케이블을 기반으로 한 실질적인 네트워크에 대해 잠깐 살펴 보자.

한국에서 출발한 해저 광케이블은 대부분 일본을 거쳐 미국과 아시아로 연결된다. 일본이 우리나라보다 앞서 통신망을 구축했기 때문에 설계상 그렇기도 하지만, 일본을 거치는 것은 지리적 · 경제적인 조건상 어쩔 수 없는 선택이다. 그러나 알다시피 일본은 지진이 많고 또 통신망을 구축한지도 오래 되어 회선이 많이 노후화되었다. 따라서 일본을 거치지 않는 몇몇 안정된 회선의 필요성이 커져 지금은 한국에서 직접 태평양 · 인도양으로 넘어가는 루트도 조금씩 느는 추세다.

현재 우리나라에 연결된 해저 케이블들은 APCN, APCN2, C2C, CUCN, FEA, RJK 등의 이름으로 10개 이상 구축되어 있으며 케이블들의 총 용량은 25TB에 이른다.[77] 통신회선들은 이름을 보면 대충 그 루트와 연원을 알 수 있는데, 예컨대 PC-1, Tycom Transpacific, Southern Cross, Japan-US, China-US, TPC-5, APCN 등은 아시아, 호주 지역에서 출발하여 태평양을 건너 미국 서부로 연결된 해저 케이블들이다. 암호 같은 이 케이블들의 명칭은 케이블을 건설하는데 주도적인 역할을 한 나라나 건설사의 이름과 프로젝트명을 따라 이름 짓는다. 예를 들면 RJK는 러시아Russia-일본Japan-한국korea를 연결한다. TPC-5는 Trans Pacific Cable-5라는 뜻이다. 즉 태평양을 가로지르는 다섯 번째 케이블이라는 것을 유추할 수 있다. Tycom Transpacific의 경우 건설에 주도적인 역할을 한 회사 이름을 따왔다.

해저 광케이블이 연결된 미국 서부의 태평양 연안 도시들은 시애틀에서부터 시작하여 아래로 포틀랜드, 샌프란시스코, LA, 산호세 등 서부 해안을 따라 쭉 아래로 뻗어 있다. 그리고 이곳에 랜딩된 케이블들은 미국의 육상 케이블 루트를 따라 미국 전역을 커버하고 캐나다와 남미로도 연결된다.

우리 가족이 거주하는 캐나다 밴쿠버 지역 역시 미국 시애틀로부터 광케이블을 연결해서 전화, 인터넷, 기업통신 같은 모든 통신 트래픽을 송수신한다. 미국을 경유해 들어온 이 케이블 용량 중에 캐나다와 한국 사이에 할당된 용량이 적기 때문에 시간대에 따라 한국과의 인터넷 연결이 느려질 때가 많다. 미국 서부에서 여러 해안 도시가 케이블 랜딩된 것과는 달리 미국 동부 지역의 해저 케이블 거점도시는 딱 두 곳에 불과하다. 뉴욕과 마이애미가 바로 그 두 도시다.

미국 동부와 서부의 케이블들은 미국 내륙을 가로지르며 거미줄처럼 연결되어 전국적 네트워크를 만든다. 한 루트로만 대륙을 가로지르는 것이 아니라 미국 대륙 내의 각 주를 모두 통과하며 주요 거점도시들을 서로 연결한다. 그리고 서쪽 해안에서는 아시아와 호주를, 동쪽 해안에서는 유럽과 아프리카 지역을 연결한다. 만약 동쪽의 뉴욕과 마이애미의 NOCNetwork Operation Center, 네트워크 관리센터가 파괴되거나 통제불능 상태가 되면, 미국과 유럽 간의 통신이 두절될 뿐만 아니라 아시아에서 유럽으로 가는 통신망도 심각한 타격을 입는다. 아시아에서 보내는 대부분의 통신이 미국 육로를 타고 왔지만 유럽으로 연결하는 거점 지역이 없어지기 때문이다.

물론 SeeMeWe2나 3, FLAG처럼 미국을 거치지 않고도 아시아와 유럽을 연결하는 케이블망이 지구 반대편에서 인도양과 지중해를 거쳐 설치되어 있기는 하다. 그러나 그 용량이 태평양을 가로지르는 케이블이나 이미 설치된 네트워크 통신망보다 현저히 적다. 만약 재난영화에서처럼 일본이 지진으로 침몰하면 한국의 국제 통신망은 대부분 먹통이 되고 말 것이다. 한국에서 일본을 거치지 않고 미국이나 아시아로 직접 연결되는 케이블 수가 아직은 적기 때문이다.

이러한 통신망 인프라의 특성 때문에 여기에는 당연히 비즈니스가 따라온다. 미국은 자국을 통과하는 모든 국제 통신 트래픽을 위해 미국 내 육로 회선망을 임대 판매한다. 또한 자연스럽게 그 통신망을 감시하기도 한다. 전 세계의 모든 인터넷, 전화, 기업 통신은 미국을 가로질러 갈 수밖에 없기 때문이다. 그래서 아시아에서 유럽으로, 유럽에서 아시아와 호주 대륙으로 연결되는 회선이 미국을 통과할 때, 미국은 자국의 케이블과 네트워크 센터들을 경유하는 세계의 모든 정보를 통제하고 관리할 수 있다.

물론 전 세계가 이제 인터넷망으로 하나가 된 상태에서 정보의 통제가 과거 통신망처럼 어느 한 나라에 집중될 수 없는 것도 어느 정도 사실이다. 하지만 물리적인 인프라를 구축하고 관리하는 일은 소프트웨어적인 것보다 근본적인 노하우가 필요하다. 그러므로 통신망 운용은 이미 기반시설을 갖춘 나라에 많이 의존할 수밖에 없고, 따라서 그 기반시설을 가진 나라가 세계통신의 주도권을 쥐게 된다. 바로 미국이 정보와 통신의 주도권을 쥔 중대한 이유 중의 하나다.

해저 광케이블 덕분이다

그러나 지금까지 설명한 광케이블 중 단 하나의 회선이라도 끊어지거나 NOC의 장비 오작동으로 통신이 이루어지지 않으면 그 여파는 엄청나다.

2004년 여름이었다. 아시아 지역 대부분을 연결하는 APCN-2 해저 광케이블 선이 끊어진 적이 있다. 당시 아시아 태평양 지역의 모든 통신회사들은 끊어진 통신의 긴급복구 때문에 난리가 났다. 비상으로 리라우팅 re-routing, 통신회선에 장애가 일어나 전화, 방송, 인터넷 등의 모든 통신을 우회선로로 돌려서 보내는 일 작업을 하느라 모두 며칠 밤을 새웠다. 그러나 예상 외로 복구 시간이 길어져 사태는 점점 심각해졌다.

장애 시간이 길어지면 기업과 국가 간의 중요한 상거래가 타격을 받고, 전산망 두절로 국제자금의 흐름이 막힌다. 인터넷이나 전화 등 중요 통신이 단절되는 것은 말할 나위도 없다. 이때 다른 해저 케이블에 남는 용량이 없으면 오직 인공위성만이 대체 수단이다. 그러나 아쉽게도 인공위성의 품질은 속도와 전송하는 정보량, 그리고 회선의 크기에서 광케이블에 비교할 바가 못 되기에 정말로 임시방편일 뿐이다.

인공위성 통신과 해저 케이블을 비교하면 이렇다. 우리가 책상 위에서 컴퓨터 자판에서 엔터키를 쳤을 때 그 전송 요청 데이터 패킷 packet, 네트워크를 통해 전송되는 데이터의 단위이 해저 케이블을 통해 갈 때 보통 25ms millisecond, 1ms는 천분의 1초밖에 걸리지 않는다고 가정하자. 그러나 인공위성을 통해 전송할 때는 인공위성 안테나까지 도달하는 데만도 그것의 열 배인 약 250ms 정도가 걸린다. 결국 전송 신호가 하늘 위로 올라갔다 내려와 상대편까지 도달하는 시간은 총 500ms가 걸린다. 패킷당 속도가 그렇기 때문에 인공위성의 경우 수많은 단위의 데이터를 보내는 체감상 시간은 더 엄청나다.

또한 기상조건에 따라 영향을 받기 쉬운 것이 인공위성 통신이다. 전파간섭에 따라 잡음이 많고 품질이 열악할 수밖에 없다. 예전에 월드컵 중계가 위성통신을 거쳐 방송된 적이 간혹 있었는데, 영상 품질이 영 아니었다. 요즘 해저 케이블로 보내도 깨진 영상이 간혹 보이는데, 하물며 위성통신은 더 심할 수밖에 없다.

그렇다면 왜 속도 차이가 날까? 전파의 속도나 빛의 속도는 둘 다 초속 30만km지만 위성통신이 느린 이유는 전파간섭과 송수신하는 장비의 차이, 그리고 회선용량이 적기 때문이다. 광케이블 기지국에서 쓰이는 장비들은 엄청난 용량의 데이터 기가바이트(GB) 이상에서 테라바이트(TB)까지를 한꺼번에 소화하고 광케이블을 통해 보낼 수 있지만 위성통신은 그렇지 않다. 쉽게 말해 교통량에 비해 도로가 좁고 톨게이트가 붐비기 때문이다. 또한 하나의 위성이 태평양 이쪽과 저쪽을 다 감당할 수 없기에 위성과 위성간의 통신 시간도 필요하다. 즉 통신위성의 범위 coverage 한계에서 오는 중계 지연 delay이 존재하는 것이다.

어쨌든 최악의 대란은 겨우 모면했다. 물론 회선이 복구되기까지 펀드 매니저와 주식, 현물 중개인들은 천국과 지옥을 오가는 경험을 했을지도 모른다. 하지만 뒤에서 수고하는 사람들 덕에 무사히 고비를 넘겼다. 내가 일하던 회사도 사장부터 말단 엔지니어에 이르기까지 한바탕 전쟁을 치렀다. 한국의 통신회사들에게 복구회선을 제공하느라 엔지니어들과 프로젝트 매니저들은 밤잠을 설칠 수밖에 없었다.

이러한 장애는 간혹 장비를 잘못 관리하거나 시스템의 오류에서 비롯되기도 하지만 놀랍게도 어선 그물이나 상선의 닻에 걸려 케이블이 끊어지는 경우도 허다하다. 그때 APCN 회선이 끊어진 것도 어선 때문이었다. 아~ 최첨단 통신망이 가장 원시적인 수송수단에 취약하다니, 이 얼마나 지독한 아이러니인가? 이런 경험을 몇 번 하면 첨단과 원시의 경계가 종이 한 장 차이로 느껴진다. 마치 원시인이 던진 돌에 날아가던 우주선이 떨어진 것 같다고 할까? 한 공간에서 다른 공간으로의 이동은 찰나의 순간이다.

컴퓨터 호텔 IDC

은행 전산시스템이나 기업의 메인 컴퓨터들이 설치 운영되는 장소로 IDC Internet Data Center라는 곳이 있다. NOC가 네트워크의 운용센터라면, IDC는 한 마디로 말해 거대한 전산센터 혹은 컴퓨터 호텔이라고 할 수 있다. 우리가 즐기는 온라인 게임서버나 은행시스템 혹은 기업 · 연구소의 메인 컴퓨터들 대부분이 이곳에 설치된다. 안전과 보안을 위해서 설치되기도 하지만 궁극적으로는 비용 절감이 주된 목적이다. 한꺼번에 모아서 관리해 주기 때문에 당연히 부담이 덜하다. 이곳은 학교나 연구소들의 전산실보다 규모가 엄청 큰 컴퓨터 전용 빌딩이다.

만약 이 IDC와 대학 · 정부 · 국가기관의 전산실이 재해를 입어 그 안에 있는 컴퓨터들이 다운되거나 오류가 발생한다면 그 손실과 피해는 말할 수 없이 크다. 민간, 군사, 우주, 환경 시스템 등 모든 분야에 영향을 미친다. 따라서 국가의 중요기관과 기업들은 미러링Mirroring이라는 기술을 이용하여 자신의 컴퓨터 시스템 혹은 데이터를 이중으로 관리한다. 즉 데이터를 복제하여 다른 곳에, 심지어 외국의 장소를 빌려서라도 동일한 시스템을 두 곳 이상의 IDC에서 운용한다.

이제 진짜 지구촌이다 – 인터넷 세상의 한 단편

뛰링~

스카이프 대화 창 하나가 갑자기 떴다.

"뭐 하삼?"

Edogawa라는 아이디로 말을 건넨다.

"웹 서핑 중 ~"

난 짤막하게 녀석에게 응답했다.

"잘 사냐?"

"그럭저럭~ 뭘 새삼스럽게 … 얼마 전에도 채팅했는데."

나는 퉁명스럽게 메시지를 던졌다. 친구 녀석은 지금 일본에 살고 있다.

"안 자냐?"

모니터에 뜬 시계를 보았다 …. 밤 11시 50분.

일본은 지금 오후 4시가 되어간다.

"자야지 …. 넌 웬일? 토욜도 아닌디 집에 있네?"

"일 못해 …. 다쳤어. 손목 부러졌다"

"엥? 아니, 웬일로? 근데 타이핑은 하네?"

"독수리 타법. 경지에 도달~ 손가락은 건재."

난 친구 녀석의 부상에 대해 이런저런 메시지를 주고받았다.

"잠깐, 기둘려~"

난 스카이프에 로그온된 연락처들을 재빠르게 살폈다. 있었다. ID youngwoo12, 이 녀석은 미국 버지니아 주에 산다. 그곳은 지금 새벽 3시 가까이 되었지만, 신문사 특파원 직업상 밤낮을 바꿔 살고 있기에 아직 컴퓨터에 로그온되어 있었다.

메시지 창을 닫고 edogawa에게 음성통화 요청을 했다. 친구의 굵직한 목소리가 스피커로 흘러나온다. 녀석을 잠시 붙잡아 두고 youngwoo12를 conference에 추가했다. 우리는 이내 인터넷폰을 이용해 3자 통화로 수다를 떨었다. 그것도 공짜로~. 인터넷은 우리를 정말 좋은 세상으로 인도했다. 사는 곳이 지구 반대편과 대륙의 양쪽 끝인데도 마치 바로 옆에 있는 것처럼 세 사람이 어울린다.

youngwoo12 방에 틀어 놓은 오디오로 조용한 음악이 흘러나왔다. 대화가 잠시 끊긴 순간, 친구 녀석이 틀어 놓은 음악이 우리들의 대화를 가끔씩 대신한다. 잠시 뒤에 youngwoo12가 파일을 보내왔다. 클릭해 열어 보니 얼마 전에 가족들과 찍은 사진이었다. 친구의 큰 딸이 많이 컸다. 친구 녀석도 머리가 많이 빠진 듯이 보인다.

한 동안 이런저런 이야기를 나누다 보니 어느새 새벽 1시가 되어 버렸다.

"고만 자자 ⋯."

대화를 끊고서도 나는 컴퓨터 앞을 금새 떠나지 못했다. 녀석들과 논다고 자료 검색을 중단했기 때문이다. 피곤한 눈을 부릅뜨고 새벽 2시까지 버텼다. 그리고 전원을 끄고 나오면서 또 다시 결단했다.

'내일부터는 무슨 일이 있어도 10시 전에 컴퓨터를 꺼야지 ⋯. 아, 정말~!'

일본에 사는 친구, 미국 동부 버지니아 주에 살고 있는 친구와 이렇게 쉽게 대화하고 문자를 보내고 심지어는 파일을 주고받는 모든 일은 인터넷이 있기에 가능하다.

이렇게 서비스되기까지 내 컴퓨터에 전달된 데이터는 꽤 많은 인터넷 거점을 경유했을 것이다. 인터넷 거점영어로 hop이라 부른다이란 쉽게 말해 컴퓨터 네트워크에서, 데이터가 출발점의 라우터router78로부터 최종 도착점의 컴퓨터 라우터까지 가는 동안 거치게 되는 네트워크의 모든 경유 라우터 각각혹은 네트워크을 의미한다. 마치 자동차로 여행할 때 캐나다 밴쿠버를 출발하여 미국 동부 버지니아 주까지 가는데 경유한 많은 도시들처럼, 인터넷 역시 수많은 컴퓨터망을 거쳐 목적지까지 도착한다.

지금 사용하는 PC에서 명령 프롬프트 창을 열고 윈도우의 경우 보조프로그램 항목에 있다 tracert trace route의 줄임말라는 명령어를 사용해 자주 방문하는 외국의 사이트를 쳐 보라. 그러면 즉시 몇 개의 인터넷망을 거쳐 그곳에 도착하는지 알 수 있다. 예를 들어 내 컴퓨터에서 tracert kornet.com 한국통신을 치면 내가 보낸 데이터가 경유하는 모든 hop의 ip address와 경유시간을 보여 준다. 이것은 자신에게 인터넷을 공급해 주는 서비스 업체에 따라 각기 다르게 나올 수 있으며, 경유하는 hop 수와 그 hop에서 다음 hop으로 이동하는 시간에 따라 인터넷 접속 속도도 달라진다.

대체로 hop수가 20개를 넘어서면 그 사이트로의 인터넷 접속은 불가능할 때가 많다. 만약 전송로가 광케이블에서 위성으로 임시 리라우팅되면 그 즉시 느린 인터넷의 악몽이 되살아난다. 각 서비스 제공업자마다 고유의 Routing Table 인터넷을 경유하는 hop을 설정하는 프로그램을 만드는데, 그 설계에 따라 인터넷 상의 접속 속도가 다르고 서비스 업체마다 인터넷 트래픽을 관리하는 노하우 또한 달라진다.

뻐꾸기 알을 아시나요?

뻐꾸기라는 새는 자신의 알을 남의 둥지에 낳는다. 그래서 다른 새가 자신의 알인줄 착각하고 품게 해서 새끼를 부화시킨다. 그래서인지 울음소리는 푸근하지만 실제로는 영악한 이미지가 강한 놈이다. 어찌 자신의 새끼를 직접 품지 않고 남이 품게 만드느냐 말이다.

컴퓨터 프로그래밍의 세계에도 뻐꾸기 알Cuckoo's Egg이란 것이 있다. 은어로 쓰이는 이 말은 해커가 다른 사람의 컴퓨터에 침입하여 만들어 놓은 가짜 프로그램, 즉 해킹 프로그램을 일컫는다. 이런 해킹 프로그램의 목적은 상대방의 컴퓨터 암호를 풀어내거나 소프트웨어를 이용하여 대상 컴퓨터에 있는 데이터 정보를 빼내는 것이다. 뻐꾸기 알이란 별명도 컴퓨터가 가지고 있던 진짜 알프로그램이 아닌 가짜 알이라는 의미에서 이러한 이름이 붙었다.

이 뻐꾸기 알은 가짜 프로그램을 마치 시스템 자신의 프로그램인 것처럼 인식하게 만들어 유저원래 주인가 로그인해 들어올 때 진짜 프로그램 대신 가짜 프로그램을 실행부화하게 만든다. 그 때 패스워드나, 금융정보, 개인정보, 프로그램 소스 등이 유출된다. 마치 새들이 뻐꾸기가 슬쩍 밀어 넣은 알을 자기 새끼인줄 알도록 만드는 것과 같다. 물론 현재의 해킹 프로그램은 예전과 달리 엄청 다양하고 기능도 발전해서 단순히 암호를 빼내거나 데이터를 훔치는 것 이상의 성능을 발휘한다.

인터넷이 지금처럼 대중화되기 훨씬 이전의 일이다. 미국에 사는 클리포드 스톨이라는 젊은 천문학자는 이 뻐꾸기 알에 얽힌 흥미진진한 체험을 했다. 당시 잠시 일자리를 잃어 본업에서 물러나 미국 로렌스 버클리 연구소의 컴퓨터 시스템 관리자로 일할 때의 일이다. 그 연구소에서는 직원들로 하여금 메인 컴퓨터를 사용하는 만큼 사용료를 일일이 지불하게 했다월정액제가 아니라 과금제 요금방식이다. 예전에는 모두 다 그렇게 컴퓨터를 사용하였다. 천리안이나 하이텔, 대학 연구소 모두 그랬다. 천공카드 리더기와 테이프 리코더 저장 장치 등이 쓰이던 옛날 이야기다.

그가 맡은 일 중의 하나는 사용자들의 대금 지불과 정산 회계 시스템을 관리하는 것이었다. 일을 시작하자마자 75센트의 회계 착오가 생긴 것을 수정하는 임무가 맡겨졌다. 비록 적디 적은 금액이었지만 컴퓨터 회계 시스템에 생긴 오류는 작더라도 쉽게 넘어갈 수 없는 것이다. 이 작업은 또한 신참으로서의 시험대이기도 했다. 그는 문제를 해결하기 위해 모든 컴퓨터 자료와 사용자들의 로그온 정보를 차근차근 추적하기 시작했다. 그런데 작업하던 중 시스템에 무자격 사용자가 있음을 우연히 발견했다. 놀랍게도 그 무자격 사용자가 시스템에 뻐꾸기 알을 심어 놓은 것이다.

그 뻐꾸기 알 프로그램은 해킹 프로그램의 고전적인 수법을 그대로 따라 하고 있었다. 방법은 간단하다. 인증받은 원래의 사용자가 로그온해 들어오면 로그인 패스워드가 맞지 않다고 일단 거짓 메시지를 보낸다. 사용자가 별 의심 없이 타이핑 미스typing miss려니 하고 다시 로그인과 패스워드를 치면 그때서야 원래 시스템 프로그램으로 로그인되게 만든 후 그 사용자의 아이디ID.와 패스워드를 빼돌린다. 그리고 그 빼돌린 아이디로 시스템을 마음

놓고 휘젓고 돌아다니는 것이다.

클리포드는 발견한 해킹 프로그램을 삭제하지 않고 그대로 놓아 두었다. 그리고 별도의 로그인 프로그램을 침입자 몰래 설치해 시스템과 내부 사용자들을 우선 보호했다. 그러고 난 후 침입자에게 어느 정도 시스템 접근을 허용하고 거짓 시스템을 쓰도록 유도하며 그를 관찰하였다. 그 결과 그 침입자가 서독분단된 독일 상황 하에서에서부터 시스템에 침입했다는 것과, 그혹은 그 조직가 정보를 사고파는 전문적 스파이라는 사실을 알게 되었다.

그 후 클리포드는 CIA, NSA, FBI 등과 공조하여 서독의 스파이 집단을 일망타진하였다. 그의 전설적인 무용담은 1989년 뉴욕타임즈의 헤드라인을 장식하며 그 당시 일대 센세이션을 일으켰다. 흥미진진한 이 이야기는 소설과 영화로도 만들어지고 국제적인 컴퓨터 해킹 사례가 되어 다른 네트워크 범죄 연구에 도움이 되었다.

당시 하노버의 해커라 불린 범인이 경유한 인터넷 거점들은 다음과 같다. 먼저 그는 자신의 컴퓨터에서 독일의 브레멘대학교로 접속했다. 그 후 독일 다텍스-P 통신망을 경유하고 위성통신 혹은 대서양 횡단 해저 케이블로 미국 팀네트 국제 게이트웨이를 통해 일단 미국으로 들어갔다. 미국 동부 NOC를 통해 들어온 그는 그 후 버지니아 매클린 방위산업체망을 거쳐 캘리포니아 패서디나 제트 추진 연구소, 캘리포니아 버클리 로렌스 연구소에 침입했다.

다음 단계로 미국 알파넷 · 밀네트 연구용 컴퓨터 통신망과 군용 컴퓨터 통신망를 거쳐 플로리다 미 해군 연안시스템 컴퓨터망과, 마이애미 MIT 컴퓨터망, 알라바마 애니스턴 육군병참기지를 뚫는다. 심지어 일본 버크너 육군기지까지 갔다. 또한 미 국방성 옵티머스 데이터 베이스 옵티머스라니 … 트랜스포머에 나오는 로봇이 떠오른다, 서독 세켄하임 미육군 병참사령부, 네브라스카 등 모든 지역으로 분산 침입해 정보를 훔쳐갔다. 무엇이 이렇게 복잡하고 많나? 그렇게 생각할지 모르겠다. 하지만 이것도 자그마한 hop은 건너뛰고 굵직굵직한 네트워크망만 골라 줄여 써놓은 것이다.

위에 열거한 컴퓨터망은 아직도 같은 이름으로 존재하거나 이름을 바꾸어 현존하며, 통합되거나 혹은 분산된 네트워크로 상호 연결되어 있다. 이것이 바로 광케이블망을 타고 흐르는 인터넷망의 실제 세계다. 늦은 밤, 세계 어느 곳에 살든지 인터넷으로 친구들과 채팅 가능한 것도 이와 같은 컴퓨터 네트워크망 덕분이다. 해커가 되든지, 온라인 게임을 하든지 말이다.

이제 www world wide web로 불리는 웹 Web[79]의 세계는 이름 그대로 전 세계에 산재한 수많은 컴퓨터들과 그들의 네트워크를 거미줄처럼 연결해 사람들을 묶는다. 그리고 우리로 하여금 어느 나라, 어느 기업, 어느 연구소에 있는 자료든지 사이버 스페이스의 세계에서 자유롭게 접근하게 만든다.

사이버 스페이스의 현실적 공간과 가상공간의 확대

조니Johnney는 정보 전달자로 살아가는 젊은이다. 그는 뇌 속에 실리콘 칩을 이식했다. 그리고 산업정보를 그 칩에 다운로드 받아 비밀리에 전달해 주고 보수를 받는다. 뇌 속에 정보를 담아서 데이터를 운반하기 때문에 어떤 검문에도 잘 들키지 않고 비밀스럽게 의뢰를 수행할 수 있었다. 그는 좀 더 많은 데이터를 다운로드할 공간을 만들기 위해 뇌에서 어린 시절의 기억 일부분을 지워버렸다.. 하지만 이제 그 기억을 되찾고 싶어 한다. 아무리 현실의 삶이 급하고 돈이 필요하지만 자신이 누구인지, 어떻게 살아왔는지 그 정체성을 잃어버리고 사는 삶이 지겨워졌기 때문이다. 그래서 이번에 의뢰받은 큰일을 처리하여 기억을 되찾는 수술비를 마련하고자 한다. 그런데 이 일이 그를 엄청난 곤경에 빠트리게 한다.

〈코드명 J〉라는 이름으로 한국에 소개된 한 SF영화의 스토리다. 원작은 사이버 문학의 대가이자 선도자인 윌리엄 깁슨이 쓴 *Johnny Mnemonic*으로, 영화의 주연을 키아누리브스가 맡았다 이 배우는 〈매트릭스〉라는 영화로 명성을 얻기 이전에 이미 사이버 펑크 문화와 영화에 어울리는 이미지를 오랫동안 쌓아왔다.

원작의 심각성에 비해 허술한 각색 때문에 영화는 흥행에 실패했지만 영화 속에는 매우 흥미로운 장면이 몇 가지 나온다. 바로 컴퓨터 네트워크가 만든 사이버 스페이스에 대한 실감나는 그래픽 표현과, 인터넷의 세계로 들어가기 위해 주인공이 사용하는 컴퓨터 입출력 장치에 대한 부분이다. 영화에서 주인공은 인터넷에 접속하기 위해 마우스 대신 데이터 입력 글러브를 손에 낀다. 그리고 눈에는 전자 디스플레이 고글을 쓴 채 컴퓨터망 가상공간으로 들어간다.

BRT 온라인이란 사이트로 주인공이 접속해 들어가는 장면은 영화를 만들 때만 해도 하나의 공상에 불과했지만 지금은 어쩌면 실현 가능한 기술이 되어 가고 있다. 이미 안경처럼 보이는 디스플레이 장치는 개발되었고 마우스를 대체하는 입력 기기도 더욱 다양해졌기 때문이다. 앞으로 기술개발이 조금만 더 이루어진다면 영화에 나타난 것과 같은 인터넷 인터페이스는 결코 꿈이 아닐 것이다.

현실과 접속한 사이버 스페이스

현재 과학자들의 연구는 더욱 분명히 그 가능성을 보여 주고 있다. 이 영화에 나온 것처럼 과학자들은 인간의 살아 있는 뇌세포와 연결하는 뉴로칩neurochip이란 것을 이미 개발했다. 이 기술은 원래 뇌의 심리학적 · 전기적 신호를 전환하여 키보드나 마우스와 같은 입력 기기를 대체하는 연구에서 시작된 것이다. 그러다 마침내 반도체 칩의 전류흐름과 신경세포 내의 전류가 서로 전달가능하게 만들었다. 즉 살아 있는 세포의 자극이 기계에 전달되어 커뮤니케이션이 이루어지는 것이다. 이와 같은 뇌와 컴퓨터의 인터페이스는 점점 힘을 얻어 이제는 생각만으로도 컴퓨터를 통해 1

분에 15자 정도의 글자를 쓸 수 있다고 한다.[80]

최근 미국 다트머스대학의 연구팀은 시중에서 판매하는 뇌전도 검사기EEG를 사용해 뇌파를 측정하고 이를 해석해서 무선으로 애플의 '아이폰'에 전송하는 실험을 했다. 전화기의 주소록에 저장되어 있는 사람의 사진을 보여 준 뒤 사용자가 전화하고 싶은 사람을 집중해서 생각하면 해당 번호로 자동으로 전화를 걸 수 있었다. 비록 머리에 다소 거추장스러운 뇌전도 검사기를 붙여야 했지만 사람의 '생각'을 체크해서 무선랜Wi-Fi 기술로 스마트폰에 전송하는 기초적인 실험이 성공한 것이다. 여기서 주목할 점은 이 실험에 엄청나게 대단한 신기술이나 자본이 들어간 것이 아니라 시중에서 판매되는 일반적인 기계들로 이뤄졌다는 사실이다.[81]

나도 조니처럼 가끔 디스플레이 고글을 쓰고 IDCInternet Data Center에 설치된 거대한 컴퓨터 빌딩 속을 들여다 보는 상상을 한다. 스타크래프트나 리니지, WOW 같은 게임 속의 캐릭터가 되어 그 속으로 들어갈 수만 있다면 그것은 정말 엄청난 경험일 것이다. 책상 위 PC에 연결된 인터넷을 통해 캐나다 밴쿠버의 한 IDC로 들어가자마자 곧 게임 서버가 있는 한국의 서울 지역 IDC 센터에 접속한다. 그 빌딩 속에 일렬로 진열되어 있는 게임 서버 컴퓨터에는 프로그램으로 구현된 집과 숲과 괴물과 또 다른 태양과 행성이 존재한다. 거기서 나아바타는 게임이 아닌 실제적인 공성전을 펼치거나 전투를 하며 판타지의 세계로 들어간다. 다른 게이머들과 만나고 싶을 때 다른 서버로 순간이동teleportation하며 거리에 상관없이 앞서 말한 해저 광케이블을 타고 바다 건너 미국 서부지역 LA에 설치된 컴퓨터 서버까지 이동한다.

이와 같은 가상 세계는 모두 물리적인 하드 디스크나 메모리들, 그리고 그래픽 엔진 속에 구현된 소프트웨어 프로그램에서 리얼하게 구현된다. 온갖 정보가 전송되고 처리되는 회선과 CPU는 1초당 기가Giga $=10^9$(10억) 혹은 테라Tera $=10^{12}$(1조)바이트byte[82] 단위로 정보를 보내고 처리한다. 그곳에는 또 다른 인생, 사랑과 전쟁, 야망과 실패, 기쁨과 슬픔, 광대한 모험과 탐험이 존재한다.

그러나 이러한 상상은 이제 결코 공상이 아니다. 현실적으로 재정만 충분하다면 지금이라도 실현 가능하다. 기술은 이미 존재하지만 단지 개인이 부담하는 비용 때문에 생기는 상품성과 대중성이 문제일 뿐이다.

상상을 조금 가미했지만 이미 우리는 현실에서 자신의 컴퓨터 모니터를 통해 놀라운 세계를 탐험하고 있다. 컴퓨터 모니터로 게임의 무한한 판타지를 즐기고, 스미소니언, 대영박물관과 같은 곳에 들러 전시물을 둘러보기도 한다. 영화를 감상하거나 온갖 여행도 하며 커뮤니티 모임을 통해 세계 곳곳의 사람들도 만날 수 있다. 개인은 물론 회사나 국가기관도 세상의 구석구석까지 연결하며 또 다른 세계로의 접속connect을 24시간 하고 있다.

앞에서 이야기한 광케이블이나 NOC, IDC 그리고 컴퓨터 시스템들처럼 가시적이며 하드웨어적인 시스템들은 물리적인 아키텍쳐Physical Architecture로서 Physical NET라 할 수 있다. 그리고 그런 것들을 기반으로 운영되는 통제시스템이나 프로그램들, 즉 물리적 아키텍쳐 위에서 실행되는 소프트웨어적이며 비가시적인 시스템을 가상망Cyber NET이라고 말할 수 있다. 바로 이 두 개의 세계가 합쳐서 이루어 가는 컴퓨터 통신 네트워크의 세계, 즉 인터넷을 사람들은 이제 사이버 스페이스라고 말한다.

● 사이버 스페이스는 점점 사람과 사람 사이의 실제적인 접촉을 없애고 또 다른 세상을 창조하고 있다. 얼굴을 보지 않고 지내다 보니 직접적인 감정교류나 의사소통 방식이 어쩐지 쑥스럽고 현실의 만남이 어색하게 느껴지기도 한다. 그래서 사이버 스페이스 속 만남을 어쩌면 더 선호한다.

이메일을 통한 업무 지시와 리포트 제출, 전산화된 소프트웨어로 진행되는 회사 자체의 내부 컴퓨터 네트워크망을 인트라넷Intranet이라고 한다. 이것은 개방적인 인터넷이 아니라 회사 안에서만 이루어지는 폐쇄적인 네트워크로, 이를 통해 회사는 그들이 만드는 제품의 생산, 재고, 영업, 관리 등 모든 업무를 수행한다.

인트라넷에 반대되는 말로는 익스트라넷Extranet이 있다. 이것은 대외적인 컴퓨터 네트워크망으로서 고객 대응용 네트워크다. 우리가 방문하는 기업 홈페이지나 비즈니스 사이트가 바로 그것이다. 익스트라넷을 통해서 회사는 외부의 네트워크와 연결되어 기업활동을 한다. 어떤 회사에 로그인해 들어가면 로그인 단계와 수준에 따라 익스트라넷과 인트라넷의 경계를 넘나들 수 있는데, 이러한 인터넷 네트워크가 실제적으로 일하는 사람들에게 업무의 시간과 공간의 제약을 없애버렸다.

또한 핸드폰과 아이패드, 스마트폰 같은 개인 휴대용 단말기의 확대는 전 세계 어느 곳에 있든지 개개인을 실시간으로 서로 연결해 준다. 국제 인터넷 로밍 혹은 통신 로밍 서비스 때문이다.

그런데 아이러니하게도 사람들은 끊임없이, 지속적으로 커뮤니케이션을 하면서도 물리적으로는 서로 얼굴도 보지 않고 지낸다. 이메일이나 전화로만 만난 것이 몇 달 혹은 몇 년이 될 수도 있다. 필요하다면 언제든지 한동안 얼굴을 보지 못한 연인에게 인터넷으로 사랑한다는 메시지를 보내고 꽃다발을 배달시키며 마치 곁에 있는 듯한 착각을 줄 수도 있다. 또는 현실이 무료하면 가상의 세계로 들어가 게임을 즐기며 아바타로 만나 교제를 나눈다. 그러나 실제적으로 얼굴을 맞대고 이야기하는 시간은 아예 없어지거나 점차 줄어든다. 이것이 현 세대의 사이버 스페이스 모습이다. 세상은 이제 네트워크의 도움 없이 살아가는 것이 불편한 상태가 되어 버렸다.

사이버 스페이스, 너는 누구냐?

사이버 스페이스란 용어는 일찍이 천재적인 SF 소설가 윌리엄 깁슨의 소설 「뉴로맨서」*Neuromancer* 3장에 처음 등장한다.

"사이버 스페이스. 전 세계의 몇십 억에 달하는 합법적 프로그래머들과 수학 개념을 배우는 아이들이 매일 경험하는 공감각적 환상, 인류가 보유한 모든 컴퓨터 뱅크에서 끌어낸 데이터의 시각적

표상, 상상을 초월한 복잡함, 정신의 비공간非空間 속을 누비는 빛의 화살들, 데이터로 이루어진 성군과 성단. 멀어져 가는 도시의 불빛 …."

나 자신이 컴퓨터 앞에 앉지 않고는 아무 일도 할 수 없는 상태가 되었을 때, 사이버 스페이스를 헤매다 밤을 지새울 때 깁슨의 이 문장이 번뜩 생각났다. 세상에 있는 모든 서비스와 사물들이 이미 컴퓨터 네트워크망 속에 존재한다. 그리고 나는 모니터와 키보드 앞에 앉았을 때만 비로소 머릿속 스위치가 온ON된다. MS 워드나 한글워드, 파워포인트는 나의 생각을 적는 종이가 된 지 오래다. 마치 영화 〈매트릭스〉의 주인공 네오키아누 리브스가 맡은의 목덜미 케이블 단자가 나의 머리에 연결된 느낌을 가진 지도 오래전 일이다.

사이버 스페이스는 점점 사람과 사람 사이의 실제적인 접촉을 없애고 또 다른 세상을 창조하고 있다. 얼굴을 보지 않고 지내다 보니 직접적인 감정교류나 의사소통 방식이 어쩐지 쑥스럽고 현실의 만남이 어색하게 느껴지기도 한다. 그래서 사이버 스페이스 속 만남을 어쩌면 더 선호한다.

사람들은 회사 업무나 학교 공부 등 일상에서 꼭 필요한 경우가 아니라도 그저 타성에 젖어 더 깊은 사이버 스페이스 속으로 빠져 들어간다. 현실적인 필요성을 넘어 갖가지 환상의 멋진 세계가, 익명의 위로와 은밀한 욕망의 분출이, 절제되지 않은 온갖 모험의 세계가 물리적인 한계를 넘어서 보이지 않는 선connection을 타고 흐르는 곳이 바로 사이버 스페이스가 되어 버렸다. 그리고 사람들의 필요와 욕망에 의해 더욱 확장되고 성장해 가고 있다. 이제 그 공간은 너무나 익숙해져 현실과 가상의 공간이 마치 하나가 된 듯 점점 경계가 사라져 간다.

인터넷 트래픽에 대한 이해

인터넷 트래픽Internet Traffic에 대한 보다 현실감 있는 이해를 위해 최근 신문에 나온 기사 하나를 소개한다. 인터넷 트래픽이 일반 신문기사에 소개되는 현상은 인터넷 보안과 기술적 정보가 더 이상 전문가의 영역에만 머물러 있지 않는 현실을 반영한다.
조선일보는 2010년 11월 19일자 기사에서 2010년 4월 초에 중국 해커들이 전 세계 온라인 트래픽의 15%를 '하이재킹'hijacking, 가로채기 했다는 사실을 보도했다.

하이재킹이라는 용어는 여행기가 테러집단에 의해 납치 당했을 때 주로 사용되는 말이다. 따라서 인터넷 트래픽이 하이재킹 당했다는 의미는 마치 비행기가 정해진 항로로 가다가 그 궤도를 이탈하여 불법적이고 위험한 항로로 강제로 유도되듯이 인터넷상에서 특정한 정보traffic, 양적인 의미에서의 정보량가 정해진 이동경로이때는 route의 의미로서의 traffic를 벗어나 강제적으로 돌려졌다는 말이다. 기사는 이때 미 정부기관의 이메일이 대량으로 불법적으로 빼돌려졌다고 소개했다.

하이재킹이라는 말이 의미하듯이 미 정부기관에서 보낸 인터넷 트래픽이 미리 예정된 인터넷 라우팅 테이블routing table, 인터넷 트래픽의 이동경로를 설정해 놓은 일종의 네트워크 지도을 벗어나 강제로 이동되었다는 것은 심각한 사태다. 기사 내용은 대략 이렇다. 이해를 돕기 위해 기사 내용을 발췌하고 부연설명을 덧붙였다.

■ 미 의회 자문기구인 '미중 경제안보 검토위원회' UCESRC는 17일 발표한 324쪽 분량의 연례 의회 보고서를 통해 "올 4월 8일 오전 미 정부의 주요 기관 계정에서 전송된 이메일이 중국 해커들에 의해 18분간 중국 통신업체 차이나텔레콤 서버들로 빼돌려졌다re-routing"고 밝혔다.

⇒ re-routing되었다는 말은 5장에서 해저 광케이블의 복구를 위해 우회 경로를 선택하는 작업에서 설명한 것처럼, 인터넷 데이터가 정해진 경로를 벗어나 갓길로 빠졌다가 목적지로 전달되는 것을 의미한다. 이때 미국 정부기관의 업무용 이메일이 강제적으로 혹은 의도적으로 중국 통신회사 서버들로 re-routing된 것이다

■ 위원회는 "인터넷 트래픽이 주로 정부.gov나 군.mil 계정에서 선택적으로 하이재킹되었으며 상원과 국방부, 상무부, 내무부, 육해공군, 해병대, 항공우주국NASA, 국립해양대기청NOAA 등이 영향을 받았다"고 했다. 마이크로소프트와 IBM, 야후 등 정보통신 기업들의 이메일 등도 여기에 포함되었다. 민감한 정보를 취급하는 기관과 기업 상당수가 무방비 상태로 '정보 가로채기' 에 노출된 것이다.

⇒ 북한의 사이버 해커 양성 소식은 익히 아는 바다. 따라서 북한의 해커들이 한국 정보기관, 군 기관, 주요 대기업 이메일의 하이재킹을 시도할 가능성은 100%다. 그 성공 여부는 한국의 사이버 테러 대응 능력에 달려 있다. 분초를 다투는 정보전의 세계에서 단 몇 분간의 하이재킹 여파는 어마어마하다. 만약 하이재킹 당했다는 사실조차 모른다면 더 심각한 결과가 나온다.

■ 위원회는 "미국의 인터넷 트래픽이 중국 서버를 거쳐 가자 효율적 경로를 찾던 세계 각국의 인터넷 트래픽이 같은 경로에 몰렸고, 이에 따라 전 세계 온라인 트래픽의 약 15%가 경로를 바꿔 중국 서버를 거쳐 가는 결과를 낳았다"고 설명했다.

⇒ 이 말은 세계 인터넷 트래픽의 이동경로가 실시간으로 서로서로 모니터링되고 있다는 것을 의미한다. 해킹에 의한 하이재킹인지, 정상적인 루트인지는 당장 알 수 없더라도, 보다 빠른 정보 전송과 효율성을 찾는 인터넷 운영 속성에 따라 세계의 모든 인터넷 데이터 이동루트는 실시간으로 변경된다. 해킹이든지 혹은 상업적인 목적이든지 사람들의 관심과 이해를 따라 차량이 움직이듯이 인터넷 트래픽도 똑같은 성격을 띤다.

■ 이 위원회의 래리 워츨 위원은 "18분 동안 이메일 트래픽을 쥐고 있다면 연락을 주고받은 모든 사람의 인터넷 주소를 확보할 수 있으며, 정보를 조작하거나 바이러스를 심는 것도 충분히 가능하다"고 AFP에 말했다. 위원회는 "우리가 중국 통신업체들이 가로챈 정보를 어떻게 사용했는지 판단할 방법은 없으나, 이러한 사태는 심각한 결과를 초래할 수 있다"고 경고했다. 데이터 이동을 방해하고 이용자의 해당 사이트 접속을 막을 수도 있으며, 이용자가 의도하지 않는 곳으로 정보를 빼돌릴 수도 있다는 것이다.

⇒ 인터넷 트래픽을 쥐고 있었다는 말의 의미는 그 18분 동안 중국 해커들이 미국뿐만 아니라 세계 여러 나라의 인터넷 트래픽을 주물렀다는 의미다. 마치 고속도로 톨게이트를 통과하는 모든 차량의 번호와 탑승자의 신분, 목적지, 시간을 알 뿐만 아니라 그 번호판을 추적하여 과거의 이동경로와 기타 정보를 수집하는 것과 같다. 가령 이메일 계

정의 경우, 수신자 정보참조된 사람들을 포함한다, 제목과 연관된 것, 첨부 파일 등등 무궁무진하다. 차량이 경찰이나 톨게이트 직원의 지시를 따르듯, 인터넷 트래픽 역시 이동경로를 설정하는 라우팅 테이블의 지시를 따르기 때문이다.

■ 영국 일간지 텔레그래프 등 외신들은 "중국 당국이 이메일에서 민감한 정보를 획득했거나 외국 서버로부터 인터넷 트래픽을 간섭할 사이버 무기를 시험했을 가능성에 대한 우려가 커지고 있다"고 했다.

⇒ 통신사 자체적으로 그러한 행위를 했을 가능성은 적다. 문제는 정부 기관, 첩보와 기업스파이, 기타 해커들의 활약에 있다.

■ 중국측은 이런 가능성을 전면 부인했다. 차이나텔레콤은 18일 성명을 내고 "어떤 형태의 인터넷 트래픽 하이재킹도 없었다"고 밝혔다고 AP통신은 보도했다. 중국 외무부는 즉각 답변을 내놓지 않았다.

⇒ 이것은 도식적인 반응이다. 몰랐거나 알아도 말 못하는 경우, 그 어떤 경우가 되더라도 분명한 사실은 인터넷 트래픽의 하이재킹이 이루어졌다는 것이다. 그리고 이것은 저절로, 그냥, 우연히 되는 것이 결코 아니다.

사이버 스페이스를 구축하는 인터넷망은 빛의 속도로 움직이기 때문에 마치 둥근 공 위를 흐르는 물처럼 시간과 공간의 장애를 가볍게 커버한다. 이전에는 한정된 수의 전문가만이 네트워크의 트래픽을 건드릴 수 있었으나 이제는 불특정 다수의 전문가가 난세를 형성하고 있다.

라우팅 테이블은 수많은 인터넷 트래픽이 오가는 사이버 상에서 언제나 최적의 경로를 추구한다. 다른 사람 혹은 경쟁자가 모르는 경로를 우선 선점하는 것은 생존의 문제기도 하다. 이제 그 영역이 더 이상 비밀이 아니다. 물론 극비의 노하우는 존재한다. 각국의 통신기관과 정보기관의 생존 방식도 여기에 숨어 있다. 정보의 세계에서 하이재킹은 해커의 기본 기술이지만, 나아가 국가와 기업 간의 정보전쟁 기술이기도 하다.

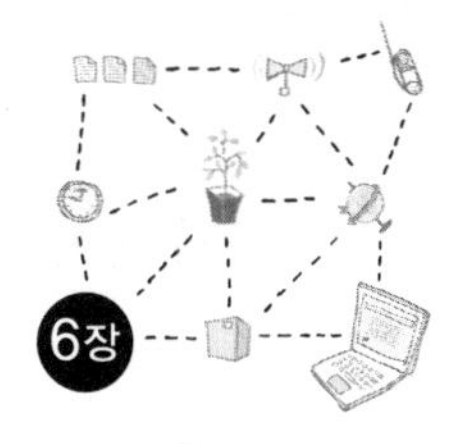

사이버 스페이스를 꿈꾸다

예견된 **사이버 스페이스**

사이버 스페이스와의 공존

2010년 9월 1일자 월스트리트저널에 재미있는 기사가 실렸다. 헤드라인은 "현실 세계의 남자가 가상 세계의 여자 친구와 함께 호텔에 가다"였다. "오직 일본에서만 가능함"이라는 추가 설명에서 추측할 수 있는 것처럼 게임문화에 기막히게 부응한 일본의 상술을 소개하는 내용이었다. 기사 내용은 대략 이렇다.

일본 도쿄에서 한 시간 남짓 거리에 아타미라는 작은 도시가 있다. 원래 이 도시는 도쿄 사람들을 대상으로 한 러브호텔 타운이었다. 그러나 세월이 흘러 도시의 매력이 옅어지고 수입이 줄자 지역 주민들이 머리를 모은 끝에 러브플러스Love Plus+라는 데이트 시뮬레이션 게임을 지역관광에 도입하였다. 마케팅의 일환으로 이 게임의 열성팬남자들 1,500명을 게임 속 가상 여성 캐릭터와 함께 아타미로 초대하는 캠페인을 벌인 것이다. 남자는 진짜 사람, 여자는 게임 스크린 속의 만화 캐릭터인데, 여행은 실제 현실에서 이루어진다.

일본의 유명한 게임제작회사 코나미Konami가 만든 이 게임은 닌텐도 DS에서 실행되기 때문에 게임 속 여행을 마치 실재처럼 닌텐도 DS는 휴대가 가능하다 현실로 옮길 수 있다. 여행 자격혹은 조건은 게임에서 '남자친구 파워수치, 즉 게임 포인트'를 일정 수준 이상 획득한 남성에게만 주어진다. 선택된 남자는 아타미라는 도시를 게임 속 설정처럼 사이버 여자친구닌텐도 DS와 함께 여행하고 호텔에서 사랑하는 사람과 하룻밤을 지내는 것처럼 숙박한다.

비록 상술로 출발한 이벤트지만 놀랍게도 여기에 호응한 수많은 젊은 싱글 남성들로 인해 이벤트는 매우 성공적이었다. 무엇보다 참여한 사람들이 너무나 진지하고 또한 행복해 보일 수 없더라는 도시 주민들의 증언은 여러 가지 생각을 하게 만들었다. 이것은 현실 속에 들어온 사이버 스페이스의 영향력을 보여 주는 좋은 예다.

영화 〈매트릭스〉를 통해 본 사이버 스페이스

박찬욱 감독의 〈올드보이〉라는 영화가 2010년 토론토 국제 영화제에서 세계 100대 영화로 선정되었다. 사람들마다 최고의 영화를 선정하는 기준이 다르기 때문에 100대 영화를 뽑는 기준도 딱 정해진 것은 아니지만 이 뉴스는 한국 영화계로서는 흥분되는 일이다. 영화가 탄생한 이후 만들어진 수많은 영화들 가운데 세계 100위 안에 든다는 것은 분명 나름대로의 가치를 인정받는 것이기 때문이다.

이 100대 영화 중에서 SF영화로는 〈스타워즈〉, 〈2001 스페이스 오딧세이〉가 거론된다. SF영화들 가운데 신세대들에게 대단한 인기를 얻은 영화 〈매트릭스〉는 몇몇 영화제에서 이 대작들과 함께 선택되기도 한다. 〈매트릭스〉는 이 책의 주제가 되는 사이버 스페이스를 살아가는 인간과 그 사이버 스페이스를 만든 기계, 즉 컴퓨터와의 싸움을 그린 영화로서 3편까지 제작되었다. 〈스타워즈〉 시리즈가 재론의 여지없이 현 시대 미국인들의 유년기와 정신세계에 지대한 영향을 미쳤듯이, 〈매트릭스〉 역시 그에 버금가는 충격을 네트워크 세대들에게 주었다.

이 시리즈 3편의 마지막 장면에는 네오라는 주인공이 스미스라는 컴퓨터 요원과 최후의 일전을 벌이는 장면이 나온다. 영화 속에서 스미스라는 캐릭터는 인간이 아니다. 그는 컴퓨터가 만든 프로그램적 존재로서 마치 바이러스 백신처럼 컴퓨터 기계의 존속을 위해 존재했다. 하지만 주인공과의 접촉싸움에 의해 막강한 파워를 지니고 재탄생한다. 즉 주인공과의 조우를 통해 신종 바이러스로 변형되었고 마침내 시스템을 보호하는 것이 아니라 도리어 시스템 본체의 생존을 위협하게 된다. 마치 컴퓨터에서 두 개의 프로그램이 구동될 때 컴퓨터 바이러스가 옮겨가듯, 시스템을 거역하여 싸우는 주인공의 속성과 파워가 스미스라는 프로그램에 옮겨간 것이다.

이때 네오는 인간 세상을 구하기 위해 컴퓨터와 계약을 맺는다. 바로 스미스를 컴퓨터 시스템에서 완전히 제거하는 것이다. 결국 네오가 컴퓨터 백신처럼 스미스를 역으로 파괴하자, 바이러스스미스가 제거된 매트릭스는 이전에 프로그래밍된 세계로 다시 회복된다. 그 상징으로 영화의 끝부분에서 매트릭스가 만든 가상의 대지와 하늘에 태양이 다시 떠오르는 결말을 보여 준다.

〈매트릭스〉는 미래의 인간들이 컴퓨터에 의해 통제되고 정신은 사이버 스페이스에 갇혀 살아가는 상황을 상상해서 보여 주는 영화다. 이 영화에서 인간의 육체는 컴퓨터의 전원생존을 위한 연료용으로 사육되고 인간의 정신은 그 육체의 존속을 위해 프로그램화되어 사이버 스페이스에서만 살아간다. 목 뒤의 척추에 연결된 단자를 통해 인간의 정신이 컴퓨터 속 사이버 스페이스에 존재하는 것이다. 인간들은 컴퓨터 시스템이 제공하는 너무나 정교한 프로그램과 인공지능의 통제 덕분에 자신들이 사는 세계가 가상의 사이버 스페이스인 줄 모른 채 살고 있었다.

영화 속에서 네오는 그러한 인간들을 깨워 가상의 사이버 스페이스에서 실제 세계로 이끌어 낼 전사이자 구세주다. 그는 오래 전부터 예언된 존재이기도 하다. 그는 각성을 통해 현실의 육체로 깨어나, 그를 돕는 시온 사람들과 함께 컴퓨터 시스템과 생사를 건 전투를 한다. 그리고 마침내 이전의 전사들과는 전혀 다른 방법으로 인간과 시스템의 공존을 위한 해결의 문을 열고 전쟁을 끝낸다.

영화를 만든 워쇼스키 형제는 컴퓨터에 대한 이해와 응용이 상당히 뛰어난 사람들이다. 영화 속에서 시스템이 네오의 존재와 각성 자체를 하나의 버그 퇴치 프로그램으로 설정해 놓은 것에서도 여실히 드러난다. 즉 네오는 시스템 속을 살아가는 인간이, 인간이기에 필연적으로 갖게 되는 정신세계에서 비롯된 오류를 수정하는 용도로 시스템에 의해 미리 계획된 존재라는 설정이다. 영화를 본 사람들은 알겠지만 네오는 첫 번째 예언된 존재가 아니며 그 이전에 여러 명이 있었다는 설정을 기억할 것이다. 즉 네오라는 존재는 이전에 이미 여러 명 존재했었고 시스템의 버전 업을 위한 일종의 패치 프로그램 개발용이었다. 그러나 영화 속 마지막 네오는 바이러스화된 스미스를 시스템에서 제거해 줌으로써 시스템을 보호하고, 또한 시스템에서 탈출한 시온 인간들의 생명을 보존하고 분리시키는 역할을 함으로써 이전에 준비된 버그 퇴치용 프로그램 이상의 역할을 한다.

약간은 장황되게 매트릭스라는 영화 내용을 설명한 이유는 바로 네오를 통해 엿보게 되는 현 시대정신의 방향을 알기 위해서다. 결론을 먼저 말하자면 지금 세대는 컴퓨터 시스템혹은 기계문명이 만든 사이버 스페이스와의 공존을 막 모색하는 시대다. 이전에는 기계문명에 대한 종속, 비판, 거부가 있었지만 이제는 분명 모든 면에서 공존을 필요로 하고 또 그 방법을 모색하는 시기가 되었다. 사이버 중독이란 이러한 공존을 이루기 전에 사람들이 그 세계에 잘못 빠져들어 그만 그 세계에 동화되는 현상이라고 정의할 수 있다. 따라서 네오처럼 사이버 스페이스와 공존하기 위해서는 필연적으로 사이버 중독이라는 동화 시점을 잘 이겨내야 한다. 이것은 이 책의 주제이기도 하다.

이제 1980년대에서 2000년대에 이르기까지 급격히 변하는 사이버 스페이스에 대한 시대정신을 차례대로 잠시 살펴보자.

사이버 스페이스를 앞서 예견한 선구적인 작품들

사람들은 오늘날의 컴퓨터 네트워크, 즉 사이버 스페이스를 현실적으로 체감하기 이전에 영화나 소설 등의 매체를 통해 그 세계를 미리 인식하고 또한 학습해 왔다. 비록 초현실적인 상상이든 실질적인 두려움에서 비롯된 것이든 말이다. 〈매트릭스〉라는 영화는 바로 그러한 것들의 대표적인 케이스다. 이 영화로 인해 사이버 스페이스는 보통 사람들에게 굉장히 익숙한 개념이 되었다. 하지만 그것을 실제적인 것으로 받아들이기보다 아직은 과장된 상상으로 여기는 경향이 강하다. 영화에서처럼 사람을 이기고 지배하는 컴퓨터사이버 스페이스는 공상이라고 보는 것이다.

그러나 과연 정말 그럴까? 이 질문에 답을 찾기 위해 몇몇 작품 속에 숨어 있는 사이버 스페이스의 의미를 살펴보는 것은 무척 재미있는 작업이 될 것이다. 왜냐하면 이러한 문화적 코드를 살펴봄으로써 남다른 예지력을 지닌 사람들이 표현한 미래어쩌면 현재의 사이버 스페이스를 알 수 있기 때문이다. 또한 그러한 예언을 공유한 오늘날의 사람들이 부지불식중에 만들어 가는 내일의 모습을 미리 엿볼 수도 있다. 기술의 발달이 소설과 영화 속에서 상상되던 사이버 스페이스를 실제로 만질 수 있게 할 것이기 때문이다.

영화나 소설과 같은 작품들은 그 시대의 현실 상황과 동떨어질 수 없고 그 시대의 정신과 생각을 반영하기 때문에 사람들의 인식 변화가 그 속에 고스란히 담겨 있다. 앞서 신문기사에 소개된 러브플러스라는 게임의 현실화가 기술의 발달과 게임문화의 성행과 결코 동떨어진 것이 아닌 것처럼 말이다.

영화 〈매트릭스〉 시리즈는 윌리엄 깁슨이 쓴 「뉴로맨서」*Neuromancer*라는 소설과 〈공각기동대〉Ghost in the Shell라는 일본 애니메이션의 영향을 무척 많이 받았다. 영화 용어로 오마쥬homage했다고 말하지만 쉬운 말로는 베꼈다는 뜻이다. 예를 들면 매트릭스Matrix에 나오는 기계와 인간의 인터페이스interface, 상호접속, 즉 케이블 TV단자 같은 것으로 뒷 목덜미과 척추를 쭉 따라 연결하는 아이디어는 그보다 앞서 발표된 〈공각기동대〉의 것을 그대로 빌려왔다. 〈공각기동대〉 역시 윌리엄 깁슨의 SF소설에서 인간과 컴퓨터와의 인터페이스에 대한 힌트를 얻었다.

이렇듯 모든 문학 작품 혹은 예술 작품은 어쩌면 이전에 있던 고전의 무한 베끼기다. 근원을 파고들면 현존하는 대부분의 문학과 예술이 성경과 그리스로마 신화를 변형 재창조한 것이다. 생각과 인식의 흐름이 시대에 따라 달리 표현될 뿐 그 근원은 대동소이하다.

소설 「뉴로맨서」

두 영화의 모태가 된 「뉴로맨서」라는 소설은 1984년에 발표되어 사이버펑크Cyberpunk라는 새로운 문학 장르를 탄생시켰다. 뿐만 아니라 사이버 스페이스라는 생소한 공간 개념을 처음으로 대중에게 알린 소설이다.[83] 이 소설 이후에 수많은 문학 작품과 영화들 속에서 미래는 디스토피아적인 컴퓨터 세계로 그려진다. 또한 하이테크 기술이 눈부시게 발전한 미래 사회에서 인간의 정체성은 늘 불안하게 그려지기도 한다. 이 소설은 휴고상, 네뷸러상, 필립K딕상 등을 휩쓸며 문학작품으로서 인정받으며 대중적인 지지를 얻었다. 얼마 전 접한 소식에 의하면 이 소설이 마침내 2011년에 영화화되어 나온다고 한다. 뒤늦은 감은 있지만 아마도 소설의 텍스트를 영상으로 표현할 기술이 이제서야 제대로 준비되었기 때문이라고 여겨진다.

시대의 획을 그은 유명한 소설 「뉴로맨서」의 내용은 대략 이렇다. 주인공은 케이스Case라는 이름의 남자다. 여기서 주인공의 이름은 여러 의미를 함축한다. 주인공이 처한 상황case, 하나의 틀

case에 갇힌 세계, 변화 가능한 변수들case by case 등 중첩적 의미를 가진다. 대부분의 문학작품과 마찬가지로 이 소설의 작가는 등장인물들의 이름에 많은 의도를 숨겨 놓았다.

소설 속에서 미래 사회는 국가와 민족의 경계는 혼합되고 오직 대기업만이 세상을 지배하는 일종의 자본제국화된 사회다. 미래를 그린 대부분의 작품이 그렇듯이 사람들은 근 미래에 국가의 경계가 사라질 것이라고 예측한다. 그래서 경제가 모든 것의 중심이 된 미래 사회에서 권력은 경제를 주도하는 대기업 혹은 어떤 거대 자본에 귀속된다고 생각한다. 아니, 어쩌면 벌써 그렇게 된 세상에 우리가 살고 있는지도 모른다. IMF 구제금융과 미국의 금융위기로 세계가 요동하는 것을 보면 고개를 끄덕일 수밖에 없다. 세계 곡물시장도 몇몇 대기업의 자본과 이해에 의해 좌지우지되고 있는 것이 현실이다.

케이스는 전문 해커로서 정보를 사고파는 직업을 가졌다. 그런데 고용주의 정보를 훔치다 걸려 사이버 스페이스에 접근하지 못하도록 신경에 손상을 입는 벌을 받는다. 이제 그에게 현실의 삶은 어떤 희망도 의미도 없는 것이 되었다. 케이스에게 사이버 스페이스에 접속하지 못하는 생활이란 정말 무미건조한 것이기 때문이다. 이전까지 삶의 활동터전이 오직 사이버 스페이스였기 때문에 더더욱 그렇다. 그런데 손상된 신경을 회복시켜 주는 조건으로 모종의 의뢰가 들어온다. 사이버 스페이스를 그리워하는 그에게 이 제안은 결코 거부할 수 없는 것이었다. 의뢰를 수락한 그는 마침내 거대한 모험 속으로 뛰어든다.

이야기가 진행되는 동안 케이스는 여러 존재들을 만난다. 몸의 일부분이 사이보그화된 몰리Molly, 사이버 스페이스에만 존재하고 현실 세계에서는 죽은 존재인 플랫라인flatline, 그는 육체는 죽었지만 정신은 살아서 사이버 스페이스의 경계에서 삶을 유지한다. flatline은 의학용어로서 죽음을 의미한다. 심전도계에서 심장박동이 멈춘 순간 나타나는 평행선 flatline에서 따온 말이다. 이름 그대로 그는 삶과 죽음의 경계선에 서 있다. 그리고 사이버 스페이스와 완전 분리된 삶을 사는 자이온Zion 사람들 등이다.

임무를 수행하는 가운데 케이스는 사건을 의뢰한 이가 사람이 아닌 윈터뮤트wintermute라 불리는 인공지능임을 알게 된다. 그 인공지능 윈터뮤트는 케이스의 해킹실력으로 시스템 속에서 또 다른 인공지능인 뉴로맨서Neuromancer와 통합되려고 한다. 그리하여 새로운 존재로 진화 탄생하는 것이 윈터뮤트의 목적이었다. 영화 〈매트릭스〉에서 시스템이 오류를 수정하기 위해 네오의 존재를 이용하듯 케이스의 활약으로 윈트뮤트는 뉴로맨서와 결합하여 새로운 존재New Matrix로 재탄생한다. 결국 인공지능은 한층 더 진화한 상태로 발전하지만 임무를 마친 케이스는 인간들 속에서 살아가는 삶의 의미를 깨닫고 인간 세상으로 돌아간다.

소설이 나올 당시 깁슨이 예견한 사이버 스페이스 개념은 일반 대중에게 매우 생소하며 또한 쇼킹한 것이었다. 사이버 스페이스라니? 그러한 세계가 가능한가? 인공지능이 자의식을 갖다니. 그렇다면 혹시 그 인공지능은 인간보다 우월할까? 또한 생각을 할 수 있는 기계라면, 우리는 그것을 생명체로 봐야 하는가? 지금도 현재진행형인 이 질문들이 이미 그 당시 소설 속에서 소개되었다.

영화 〈트론〉

이처럼 사이버 스페이스에 대한 새로운 상상을 한 소설 「뉴로맨서」도 사실 그보다 앞서 발표된 〈트론〉Tron이라는 영화에서 상당한 영향을 받았다. 이것은 1982년에 만들어진 SF영화로서 1980년대 초반, 그 당시로는 상당히 획기적인 CG컴퓨터 그래픽를 이용하여 제작되었다. 앞서가는 상상의 참신함에도 불구하고 단조로운 연출 때문에 흥행에는 실패했지만 영화가 보여 준 사이버 스페이스에 대한 예상은 분명 소설보다 앞선 것이었다.

이 영화는 컴퓨터 내부 로직과 시스템의 본질을 이해했으며 프로그램의 의인화도 「뉴로맨서」보다 먼저 보여 주었다. 이 영화에서도 인간은 하나의 프로그램이 되어 컴퓨터 속에서 싸운다. 컴퓨터 속에 MCPMaster Control Program라는 시스템 인공지능이 절대적인 존재로 등장하여 컴퓨터의 세계와 현실 세계에까지 힘을 뻗치는 상황은 〈메트릭스〉나 「뉴로맨서」보다 훨씬 앞서 예견되었다.

〈매트릭스〉에서 주인공 네오가 하나의 프로그램화된 존재로 컴퓨터 시스템 내부에서 활동하듯이 「뉴로맨서」에서 주인공 케이스가 존재하는 방식 역시 프로그램과 다를 바 없다. 그래서 〈트론〉에 나오는 MCP라는 인공지능AI, Artificial Intellignece은 「뉴로맨서」에서의 인공지능 윈터뮤트와 동종의 존재이며 〈매트릭스〉의 시스템 AI와도 유사한 존재다.

이렇듯 소설 「뉴로맨서」와 영화 〈트론〉, 〈매트릭스〉는 인간 세상을 지배하는 컴퓨터 네트워크망, 혹은 인간 세상을 침범해 들어온 사이버 스페이스 속의 절대자를 상상하고 예견하였다.

기억을 다운로드하다 - 다가온 미래

2005년 영국의 통신 그룹 브리티시텔레콤BT의 미래학 팀장인 이언 피어슨 박사는 2050년쯤 되면 인간의 뇌를 다운로드하는 일이 가능해질 것이라고 전 세계에 공표했다. 그의 주장에 따르면 2050년대에는 사람은 죽더라도 두뇌 속 기억과 정서를 슈퍼컴퓨터에 내려받아 저장할 수 있다는 것이다.[84]

이런 일이 실제로 가능할까? 솔직히 아직 아무도 확신할 수는 없다. 이것은 「뉴로맨서」에 나오는 플랫라인flatline이 실현되는 것을 말한다. 개인적으로는 아무리 뇌의학과 유전공학이 고도로 발전해도 이러한 기술에는 한계가 있다고 생각하지만 기술의 발전은 종종 우리의 예상을 뛰어넘을 때가 많으니 실현가능한 일일 수도 있다. 다만 현실적으로 발생하는 많은 오류들을 애써 외면하고 이루어지는 것이 문제기는 하지만 말이다.

실제 컴퓨터의 기억단위 0과 1의 조합Bit인 디지털 기억과, 유기물 세포에 전기적 자극을 주는 바이오 컴퓨팅을 접목한다면 혹 가능할지도 모른다. 그러나 0과 1 사이의 눈에 보이지 않는 수학적 간극을 형이상학적으로 줄일 수 있을까? 예컨대 감정의 표현 같은 것 말이다. 만약 인간의 기억을 컴퓨터에 다운로드할 수 있다면 다운로드된 인간의 기억은 하나의 데이터에 불과하다. 이것을 연결하여 인간의 감정 같은 것을 인공지능 혹은 컴퓨터 메인 프로그램이 운용할 수 있을까? 솔직히 잘 모르겠다.

분명한 것은 이언 피어슨 박사가 예측한 대로 인간 뇌의 다운로드 혹은 기억의 데이터화가 이루어진다면 거기에는 필연적으로 그 데이터의 수정, 조작, 삭제 가능성을 생각하지 않을 수 없다. 바로 〈공각기동대〉에 나오는 상상처럼 혹은 로빈 윌리엄슨이 출연한 〈파이널 컷〉에 소개된 기억 편집처럼 말이다.

그런데 소설과 영화 속에만 있던 인공지능AI과 인간 기억의 컴퓨터 다운로드, 즉 전뇌화라는 개념이 이제 현실 세계에서 공식적으로 과학자들의 지원을 얻은 것만은 분명하다.

영화가 이야기하는 기억의 다운로드

인간 기억의 데이터화와 그 문제점에 대한 인식은 〈공각기동대〉에 잘 묘사되어 있다. 영화의 내용은 다음과 같다.

쿠사나기 모도코는 사이보그다. 그러나 그녀 안의 정신 혹은 기억은 인간의 것이다. 이언 피어슨 박사의 예견처럼 기억은 인간이고 몸은 기계혹은 컴퓨터다. 특수경찰대 소속인 쿠사나기는 임무를 수행하는 과정에서 인형사라는 정체불명의 해커를 추적하게 된다. '프로젝트 2501'이라는 이름의 이 존재는 원래 인간이 만든 해킹 프로그램의 일종으로, 원래 프로그래밍된 대로 각국의 네트워크에 침입하여 그들의 전뇌 일본어적인 표현이지만 쉽게 말해 컴퓨터 혹은 AI를 해킹하고 산업정보를 빼내는 일을 하고 있었다.

그런데 일을 하던 중 프로그램상 진화를 하다 결국 자의식 Self Recognition을 갖게 된다. 자의식을 소유하게 된 이 프로그램은 스스로를 하나의 생명체로 인식하고는 인간의 통제를 벗어나 스스로를 복제해 가며 물리적인 네트워크 상에서 자존하고자 한다. 이때 프로그램을 만든 정부가 눈치 채고 그를 위험한 해킹 프로그램으로 낙인찍어 제거하려고 한다. 이에 쫓기게 된 프로그램은 자신을 보호하기 위해 다른 나라 정부에 망명을 요청하기에 이른다. 마치 〈터미네이터〉에 나오는 사이버넷의 개념 혹은 〈매트릭스〉의 궁극적인 NET의 관리자와 같은 존재다.

쿠사나기는 이 인형사를 추적하는 임무를 수행하던 중 자신의 정체성에 심한 회의를 가진다. 바로 인형사를 보면서 자신의 생명양식과 정체성에 혼란을 느꼈기 때문이다. 그녀 역시 기계 몸에 인간의 정신이 심어져 있었다. 만약 그녀가 정보기관에서의 삶을 접고 다른 인생을 살고자 하면 자신의 몸, 즉 경찰로서의 의체 shell를 포기하고 다른 육체 혹은 기계를 입어야만 하는데, 그때 자신의 기억의 일부를 정보기관의 보안을 위해 반납해야만 한다 이처럼 인간 뇌의 기억이 다운로드되면 이 역시 조작, 편집, 삭제하는 일이 발생할 수 있을 것이다.

이 모든 것에 쿠사나기는 심한 정체성의 혼란을 겪는다. 그녀의 몸은 전투능력 향상 등 필요에 따라 얼마든지 보수 개조가 가능한 의체였기 때문에 육체를 지닌 사람처럼 신체를 통해 축적되고 나타나는 자신만의 흔적을 확인할 길이 전혀 없었다.[85] 따라서 그녀가 어떤 대상을 자각하고 인식하는 매개체인 몸body은 이미 자신의 주체혹은 정신의 의사와는 상관 없는 객체가 된 상태였다. 결국 기억을 편집하는 것은 주입되거나 조작된 기억일 수 있는 만큼 자신의 존재에 대한 혼란, 심지어 자기 부인을 의미한다. 즉 자신의 현존하는 정체성에 대한 포기를 의미하는 것이다.

쿠사나기는 인형사를 보며 동질감을 느낀다. 네트워크 안에서만 존재하는 인형사와, 독립된 기계 몸 안에 존재하는 자신이 무엇이 다른가? 컴퓨터로 만들어진 네트워크와 기계인 자신의 몸의체은 생명이 없지만 의식ghost이 심겨진 순간 생명력을 가졌다. 결국 자신의 정신과 프로그램의 자의식은 무엇이 다른가? 그녀는 이러한 혼란 중에 전투를 수행하고 마침내 자신의 의체를 망가뜨리고 만다. 그러나 망가진 몸 대신 새로 이식받은 몸기계에는 이미 인형사AI와 결합한 그녀의 새로운 의식인공지능과 결합한 자신의 자의식이 진화된 정체성을 지니고 태어난다.

정신이 더 우월한가? - 이원론의 반영

영화 줄거리에서처럼 만약 기계에 자의식이 존재한다면 그것을 생명으로 볼 수 있을까? 인간의 육체가 아닌 곳에 과연 인간 의식을 담을 수 있을까? 그렇다면 앞서 밝힌 인간 뇌의 다운로드는 인간의 기억일까, 아니면 정신일까? 의식이 먼저인가, 육체가 먼저인가? 자신의 존재와 생명을 정의하는 것이 정신이라면, 정신이 심겨진 기계도 생명인가? 영화는 이러한 철학적 질문을 던진다. 즉 인간의 존재 방식과 생명의 의미, 자의식과 영혼의 물음, 영혼과 육신의 실존에 대한 심오한 질문들을 제기한다.

그러나 본질적으로 이러한 작품에 반영된 것은 결국 육체fresh - shell, 껍질와 정신ghost 혹은 영혼을 분리해서 사고하는 것이다. 혹은 이 둘의 결합방식을 보고 생명과 존재의 양태를 규정짓는다. 즉 중요한 것은 의식ghost이지 그것을 둘러싼 육체 혹은 껍질shell이 아니라고 주장하는 듯 보인다. 최종 결론은 관객의 몫이다. 그러나 분명한 것은 이 작품의 주제가 육체와 정신을 분리하고 성과 속을 나누는 이원론적 시각을 가졌다는 점이다.

이런 시각은 「뉴로맨서」에도 존재한다. 주인공 케이스는 현실세계의 육체를 지독히 폄하한다. 심지어 고깃덩어리meat라고 말하며 자신의 정체성과 삶의 의미를 찾는 데 극히 도움이 되지 않는 존재로 치부하며 오직 정신ghost만이 자신의 유일한 본성이라고 생각한다.[86] 그 정신만이 매트릭스의 공간, 즉 사이버 스페이스에서 무한한 자유를 누릴 수 있다고 생각하기 때문이다.

〈공각기동대〉에서도 컴퓨터기계와 인간의 경계에서 자의식과 육체의 상관관계를 묻는다. 그리고 인공지능의 자유의지 가능성을 보여 주면서 이것이 생명일 수 있겠는가라는 주제를 부각시킨다. 안타깝게도 일본 애니메이션이 가지는 접근 한계성일본영화이고 또 만화영화라는 점에서 한국 관객층은 분명 한정된다 때문에 영화가 나올 당시 한국에서는 이 영화가 표현하는 사이버 스페이스의 철학적 사유를 대중에게 전달하지는 못했다.

그러나 현대 철학과 과학에서는 정신이 육체에서 분리된 것이 아니라 상호 공존하는 것으로 인식한다. 그러므로 육체를 떠난 정신은, 그 의식이 컴퓨터에 저장되든 필름으로 저장되든 어떤 형태라도 생명이 아닌 단순 데이터에 불과하다. 전원이 끊기면 컴퓨터 프로그램이 멈추듯 육체의 생명이 끊기면 인간의 의식도 휘발성을 띤 채 날아가 버리는 것처럼 말이다. 전원이 공급되지 않는 컴퓨터는 그냥 고철덩어리일 뿐이다.

그런 의미에서 사이버 스페이스를 다룬 이 같은 영화들은 의식과 육체의 상관관계에 대한 질문을 던지지만 영혼의 존재 여부는 덮어둔 채 넘어가는 한계성에 직면한다. 또한 이원론적 시각에서 생명을 다루다 보니 그보다 깊은 존재에 대해서는 어떤 성찰도 부족할 수밖에 없다. 여기에 〈공각기동대〉와 〈매트릭스〉, 「뉴로맨서」의 인식 한계가 있다.

〈매트릭스〉의 주인공인 네오와 「뉴로맨서」의 주인공 케이스는 동일한 역할모델을 가지고 있다. 다만 케이스는 자신을 위해 싸우고, 네오는 인간 세상을 구하기 위해 싸울 뿐이다. 〈트론〉에서는 플린이라는 프로그래머가 나오는데 그의 존재 역시 프로그램화되어 컴퓨터 내부에서 다른 프로그램들과 함께 MCP라는 메인 프로그램을 침몰시킨다.

이 세 인물은 각 시대에 따른 컴퓨터와 인간의 관계를 예지하고 투영한다. 그 차이는 이렇다. 네오는 자신을 희생하여 인간 세계와 컴퓨터 세계를 둘 다 구한 후에 죽는다. 케이스는 컴퓨터 세계의 인공지능을 한층 더 나은 존재로 진화시키지만 정작 자신은 인간 세상으로 회귀한다. 반면 플린은 MCP를 침몰시켜 원래 인공지능이 되기 전의 MCP의 본체인 체스 프로그램으로 환원시켜 현실에서의 자신의 권력 인간의 주도권을 회복한다.

여기서 플린에서 케이스, 그리고 네오로 바뀌는 동안 컴퓨터에 대한 인간의 역할이 달라진다. 컴퓨터의 권력을 무력화한 후 인간세계로 돌아온 플린과, 컴퓨터의 소원을 들어 주고 자신 또한 인간의 삶을 회복한 후 컴퓨터와 조화로운 삶을 살게 되는 케이스, 그리고 어떤 의미에서 컴퓨터의 목숨을 구해 주고 영화 속에서 컴퓨터 바이러스가 된 스미스 요원은 자신을 무한 복제함으로 매트릭스의 세계를 파괴할 수 있었다. 네오는 그것을 막았다 결국 컴퓨터로 하여금 인간을 돌봐 주게

혹은 인정하게 하는 네오의 역할이다.

이것은 컴퓨터 혹은 사이버 스페이스를 오로지 지배 대상으로 보던 과거의 인식 〈트론〉의 플린이 변하여, 컴퓨터의 자기 정체 규정 「뉴로맨서」 단계를 거쳐 마침내 컴퓨터를 인간처럼 별개의 주체로 보는 시각 〈매트릭스〉의 네오으로 바뀐 것을 보여 준다. 여기서 중요한 연결고리가 빠져 있는데 바로 〈공각기동대〉의 쿠사나기 소령이다. 그녀는 케이스와 네오의 연결고리다. 즉 쿠사나기라는 존재는 컴퓨터 사이버 스페이스와 합체하는 인간 혹은 동화되는 인간상황을 상징한다. 그러므로 컴퓨터를 이긴 플린, 컴퓨터를 인정하고 돌아 나온 케이스, 컴퓨터와 하나가 된 쿠사나기 소령, 마지막으로 컴퓨터를 구하고 인간을 그 컴퓨터로부터 보호한 네오는 시대가 변함에 따라 인간과 컴퓨터의 관계를 고민하는 사람들의 인식변화이자 예측이기도 하다.

● 영화 〈공각기동대〉에서 보여 준 국가와 민족을 넘어선 네트워크 사회 설정은 현실에서 이미 이루어지고 있다. 우리는 지금 마우스를 클릭함으로써 시간과 공간을 뛰어넘어 세계 어느 나라, 어느 누구와도 자유로이 접속할 수 있다. 인터넷의 세계에서 개인은 국가의 경계를 넘어 자유롭게 필요한 물품을 사고팔며, 주식거래나 은행 업무를 비롯한 경제행위를 한다.

〈매트릭스〉에 나오는 메인 시스템의 인공지능과 공존하는 오라클이란 프로그램은 소설 「뉴로맨서」의 윈터뮤트와 뉴로맨서의 롤 모델을 차용한 것이다. 〈매트릭스〉의 지배 시스템이 오라클이란 프로그램을 필요로 하듯, 소설 「뉴로맨서」에서 자존하는 인공지능 윈터뮤트는 또 다른 인공지능인 뉴로맨서의 결합을 통해 진화한다.

오라클Oracle은 이미 실제로 존재하고 전 세계에서 가장 많이 쓰이는 컴퓨터 데이터베이스 프로그램의 이름이다 데이터베이스란 컴퓨터 내에 존재하는 모든 자료와 프로그램들의 위치를 파악하고 이것들을 서로 연결하여 최종 컴퓨터 기능을 발휘하게 만드는 프로그램이다. 오라클은 사이버 스페이스에 존재하는 모든 정보와 데이터의 인덱스일 뿐 아니라 그들을 연결시켜 주는 역할을 한다. 〈매트릭스〉에서 사이버 스페이스를 지배하는 두 존재는 「뉴로맨서」에 나오는 두 인공지능의 특성을 그대로 따라한 것이다. 차가운 이성적인 시스템 관리자는 윈터뮤트이고, 따뜻하고 이해심 많은 오라클은 신비하고 예측 불가능한 인공지능인 뉴로맨서다.

또한 〈매트릭스〉의 시온 사람들은 「뉴로맨서」의 자이온 사람들Zionites과 비교된다. 〈매트릭스〉에서는 프로그램이 의도적으로 시온인들의 삶을 허용하지만 뉴로맨서의 자이온 사람들은 스스로 기계와 일정한 거리를 유지하는 별종으로 표현된다. 두 작품에서 공통된 인간의 역할은 두 가지다. 즉 시스템을 거부하든지, 아니면 시스템을 돕든지 둘 중 하나를 선택한다. 케이스와 네오는 둘 다 시스템을 도왔다. 다만 돕는 방식과 스스로를 규정하는 방법이 달랐을 뿐이다.

영화 〈공각기동대〉에서 보여 준 국가와 민족을 넘어선 네트워크 사회 설정은 현실에서 이미 이루어지고 있다. 우리는 지금 마우스를 클릭함으로써 시간과 공간을 뛰어넘어 세계 어느 나라, 어느 누구와도 자유로이 접속할 수 있다. 인터넷의 세계에서 개인은 국가의 경계를 넘어 자유롭게 필요한 물품을 사고팔며, 주식거래나 은행 업무를 비롯한 경제행위를 한다. 이베이를 통해 상점을 개설하고 비즈니스를 할 뿐 아니라, 세계 어느 인터넷 몰에서도 페이팔Paypal이나 신용카드를 통한 결제가 24시간×7일 동안 자유롭게 이루어진다.

뿐만 아니라 온라인 커뮤니티 활동은 전 세계 어디에 있든지 상관없이 사람들을 서로 연결한다. 싸이월드나 페이스북, 개인 홈페이지와 블로그의 업데이트는 말할 것도 없고 실시간 채팅은 언어만 통하면 세계 어느 누구와도 가능하다. 이렇듯 개개인의 삶이 네트워크 상에서 사이버 스페이스와 동화되어 가는 것이 오늘날의 현실이다.

그러므로 지금까지 설명한 작품들 속에 예견된 사이버 스페이스를 우리가 현실에서 어떻게 인식하고 수용하는가는 실로 중요한 문제다. 사이버 스페이스를 해석하는 방식과 대응에 따라 우리의 사이버 중독이, 우리 정체성의 변화가 치유될 실마리가 다르기 때문이다. 쿠사나기의 삶이 될 것인지, 네오의 삶이 될 것인지는 2장과 3장에서 말한 사이버 중독을 어떻게 이겨내는지에 달렸다.

특히 이 책의 앞부분에서 살펴본 사이버 중독 현상은 쿠사나기를 통해 상상한 것처럼 사이버 스페이스와 동화되는 현상이라고 볼 수 있다. 이것은 다음 장에서 좀 더 이야기하고자 한다.

두려움과 그 원인

미래 사회를 그리는 대부분의 문학 작품과 영화에서 두드러지는 공통점은 첫째, 기계에 대한 원인 모를 두려움과, 둘째, 인간의 육체에 대한 혐오스러움이다. 사실 이것 때문에 모든 작품 속의 미래는 디스토피아적인 암울함이 상존하고, 인간을 지배하는 거대한 힘의 존재가 인간의 연약함과 대비를 이루면서 표현된다.

이것은 기계가 인간에게 늘 반역의 가능성을 가진 두려운 존재라는 시각이 존재하기 때문이다.[87] 이 생각의 근저에는 산업혁명을 겪으면서 이미 기계의 발달로 생존의 위협을 당하던 과거의 경험이 굉장히 큰 몫을 한다. 산업혁명이 일어난 후 기계가 인간의 자리를 대체하고 노동을 대신함으로써 인간은 일자리를 잃어버렸다. 소수의 자본가를 제외한 노동자들이 졸지에 길거리로 나앉게 된 그때부터 기계는 인간에게 풍요를 가져다 주는 존재인 동시에 인간을 위협하는 존재가 된 것이다.

또한 육체를 열등하게 보는 시각은 역사를 이어 내려온 이원론적인 사상의 영향 때문이다. 즉 육체는 열등하고 불완전한 반면 정신은 순결하며 강한 존재라는 생각이 무의식 가운데 존재한다. 따라서 불완전한 육체를 떠나 정신을 가둔 세계, 즉 사이버 스페이스는 완전하고 우월한 존재 혹은 영역이 될 수 있다고 인식한다.

그런데 이러한 인식이 생겨난 원인은 바로 인간이 가진 원죄의식 때문이다. 인간이 가진 육체의 한계성, 즉 죽음은 태초에 창조주를 반역한 원죄 때문에 생긴 육체의 굴레다. 그러므로 인간은 태생적으로 죽음을 혐오한다. 그리고 정신만이라도 무한히 자유롭고 싶어 한다. 그렇지 않다면 죽음을 넘어서는, 강하고 불멸한 육체를 갖기 원한다. 많은 과학소설에서 표현되는 사이보그에 관한 상상이 바로 그러한 이유에서 비롯되었다.

어린 시절 즐겨보던 〈은하철도 999〉 역시 이 관점을 가진 영화다. 주인공 철이가 추구하는 기계 몸은 불완전한 육체를 가진 그에게 불멸을 가져다 주는 유일한 방법이었다. 우리는 어느 때부터인가 육체와 죽음이라는 한계상황을 알게 된다. 그래서 정신만이라도 완전히 자유롭게 되어 이 세계에 무한히 남고 싶은 것, 그리고 불멸의 육체를 사모하는 것은 어쩌면 신의 속성에 참여하고 싶어 하는 인간의 근원적인 갈망일지 모른다.

그런데 〈공각기동대〉에서 쿠사나기는 이미 이 불멸의 몸사이보그로서의 의체을 가졌다. 원한다면 영원히 존재할 수도 있었다. 하지만 그녀의 정신이 편집되거나 삭제될 수 있는 타율적인 존재로 그 의체 속에 있었기에 정체성에 혼란을 겪는다. 그녀는 무엇인가가 부족함을 느꼈다. 그것은 바로 스스로를 컨트롤할 수 있는 힘의 부재였다. 그래서 광대한 NET의 세계 속에 스스로 자존할 수 있는 존재로 진화하기 위해 애쓰는 인형사라는 프로그램의 자의식과 결합한다.

이러한 설정은 「뉴로맨서」에서 윈터뮤트와 뉴로맨서 두 인공지능이 결합하는 것과 동일 선상에 있다고 봐도 좋다. 이는 「뉴로맨서」의 마지막 부분에서 나누는 대화에 잘 나타나 있다.

- 나는 이제 윈터뮤트가 아냐.

"그러면 무엇인가요?"

- 케이스, 나는 매트릭스라네.

케이스는 웃었다.

"그러면, 그것은 당신을 어디로 데려갑니까?

- 아무데도, 모든 곳으로. 나는 모든 것의 종합이고 완전체라네.

….

(하략)

사이버 스페이스에서 윈터뮤트는 스스로 존재하는 생명체다. 매트릭스 역시 마찬가지다. 인간이 무너뜨린 세계에서 인간의 육체를 연료 삼아 불멸하는 매트릭스의 AI는 사이버 스페이스에서 자존하며 영속한다. 이것이 바로 미래 사회를 그리는 작품 속에 공통적으로 나타나는 인간 육체에 대한 비하이며, 한계성에 대한 설정인 동시에 영원한 정신에 대한 동경이다.

인간의 원죄 의식은 그 죄를 저지른 육체를 미워하고 육체를 뛰어넘는 영원한 힘을 자신도 모르는 사이에 추구하게 한다. 즉 본래 타락의 원인이자 동기요소인 육체와, 타락 이전의 완전함을 바라는 회귀본능이 겹쳐서 나타나는 인간적인 갈망이다. 또한 자신이 창조주에 반역을 행했던 것처럼, 인간 역시 자신이 만든 기계에 의해 반역 당할 것을 두려워한다. 바로 이것이 미래의 기계 문명을 대부분 디스토피아적으로 그리는 이유다.

또한 이처럼 육체를 비하하는 반면, 정신은 언제나 불멸하고 영존하기를 바란다. 그것이 비록 사이버 스페이스의 자의식이든 혹은 그 자의식 속에 깃든다운로드된 인간정신이든 별 상관 없이 말이다.

육체의 한계성과 그 의미

그러나 인간의 육체는 현실에서 결코 없으면 안 되는 중요한 구성요소다. 쿠사나기가 고뇌한 것처럼 자신의 육체를 통해 축적된 자신만의 정신과 경험이 그 육체를 떠나 다른 의체나 다른 장소에 이식된다면, 그것은 결코 참다운 본연의 자아가 아니다. 만약 정신만으로 존재를 규정지을 수 있다면, 속된 말로 인간이 형체가 없는 혼령과 무슨 차별이 있는가?

● 연약한 육체지만 그 육체 가운데 거하면서 창조된 인간의 원래 본성과 사랑을 회복하는 것만이 인간을 인간답게 만든다. 따라서 인간이 잘못된 판타지로부터 적당한 거리를 두지 않으면 결국 더 큰 절망감이 다가올 수밖에 없다. 사이버 중독을 치유해야만 하는 이유가 여기에 있다.

그러므로 인간 됨의 특징은 신의 형상으로 육체를 입고 이 세상을 살아가는 데 있다. 영원한 속성인 영혼을 육체에 간직하며 살아가는 인간은 성경에서 말하는 것처럼 타락한 육체를 벗어버리고 새로운 육체를 입을 때 비로소 세상 육체에 대한 혐오감과 열등감을 벗을 수 있을 것이다. 그때까지는 지금의 육체가 비록 불완전하더라도 인간을 다른 피조물과 다르게 구별 짓고 인간을 인간답게 만드는 진정한 매개체가 된다. 많은 문학과 영화에서 인간과 기계의 결합 혹은 그 경계가 무너지는 것을 보여 주면서 끊임없이 질문하는 것이 결국 '과연 무엇이 인간 됨을 규정하는가?'인 이유가 여기에 있다.

인간은 사이보그라는 존재를 통해 죽음의 불안과 또 그 어떤 결핍으로부터 해방된 인간을 꿈꾸지만, 결국 그 모든 것은 헛된 것이다.[88] 연약한 육체지만 그 육체 가운데 거하면서 창조된 인간의 원래 본성과 사랑을 회복하는 것만이 인간을 인간답게 만든다. 따라서 인간이 잘못된 판타지로부터 적당한 거리를 두지 않으면 결국 더 큰 절망감이 다가올 수밖에 없다. 사이버 중독을 치유해야만 하는 이유가 여기에 있다.

마코토 유끼무라가 쓴 「프라네티스」라는 만화작품에서 주인공은 우주의 광대함과 그 암흑의 침묵을 경험한 후, 인간으로서의 죽음과 삶에 대해 고뇌한다. 우주의 심연 안에 티끌처럼 살아가는 인간이 가진 육체와 죽음의 한계성 그리고 삶의 목적은 과연 무엇일까? 다음의 대화는 어떤 의미에서 그 한계성에 직면한 인간 정황에 대한 좋은 예다.

그것은 먼저 나에게 질문을 할 것이다

– 어서 와. 너는 누구지?

"나는 나이다. 또한 나는 당신이다. 허무함이며, 죽음이며, 모순이라 불리는 것이며 모든 시간과 공간이며 질문이며 동시에 답변이다."

– 말이 좀 많은데 …. 그러면서도 뭔가 부족해. 뭐 좋아. 여긴 왜 왔지?

"우주를 생각하다 보니 여기까지 오게 되었다. 가르쳐 다오. 이곳은 종점인가?"

– 글쎄, 어떨까? 종점에 가고 싶나? 시작은 어디였지?

"모르겠다."

– 그래? 어쩌면 순환선인지도 몰라. 어쩌면 레일 같은 게 없을지도 모르고.

"난 그곳을 계속 돌고 있는 건가?"

– 글쎄 …. 그만 돌아가 봐. 꾸물거리고 있다간 돌아갈 수 없게 돼.

"돌아가는 길을 몰라. 걸을 기운도 없어."

– 갈 수 있어. 넌 인간이고 하치마키이고 그리고 타나베가 신경 쓰이잖아? 그걸 생각해 봐.

"… 어둠을 볼 수 있다면 … 빛을 볼 수도 있을 거야."[89]

인간을 감시하는 사이버 스페이스 – 당신의 정보를 쥐고 있다

사이버 스페이스에서 개인의 정보가 얼마나 취약하게 보호되는지 적나라하게 보여 주는 기사가 얼마 전 한 저널에 실렸다. "당신의 앱Apps들이 당신을 지켜보고 있다"는 제목의 기사는 아이폰이나 구글의 안드로이드 운영체제로 작동되는 모든 스마트폰들에 있는 앱에 대한 조사결과를 보여 준다. 그리고 통신의 발달과 사이버 스페이스의 확대로 인한 개인정보의 손쉬운 누출뿐만 아니라 개인감시 가능성까지 자세히 보도했다.[90]

앱App은 영어의 Application을 줄인 말로써, 흔히 컴퓨터나 기타 전자 기기에 덧붙여 운용되는 응용소프트웨어를 일컫는 말이다. 요즘은 아이폰과 같은 스마트폰이 유행하면서 어린아이들까지도 아는 용어가 되었다. 간단한 게임부터 날씨, 증권정보, 음식점, 영화정보뿐 아니라 개인주소록 관리, 뉴스 서비스, 재미있는 동영상틀, 음악 프로그램 등 무궁무진한 앱들이 스마트폰이나 아이팟 같은 휴대형 멀티미디어 기기에서 운영된다.

이 조사에 의하면 101개의 무작위로 선택된 앱들 가운데 56개의 앱이 사용자의 고유 사용 ID UDID, unique device identifier를 사용자의 동의나 허락도 구하지 않은 채 다른 회사들에 전송했고, 47개의 앱은 전화기의 위치를 무단 전송했으며, 5개의 앱은 사용자의 성별, 나이 그리고 그 외 신상정보를 임의로 전송했다.

여기서 혼동하지 말 것은 이들 앱을 만들고 제공한 사람들이 휴대폰 서비스업체 당사자도 아니고 스마트폰 제작사도 아닌 제3자라는 사실이다. 즉 사람들이 다운로드받아 무심결에 사용하는 앱의 제작사들이 아무 제재도 받지 않고 사용자의 정보를 취합하고 여기저기 사용한다는 뜻이다. 테스트 결과 아이폰 앱들이 구글의 안드로이드폰들보다 더 많은 사용자 정보를 무단으로 전송한 것으로 밝혀졌으나 실상은 오십보백보 차이다.

"모바일 세상에서는 익명성란 있을 수 없습니다." Mobile Marketing협회의 마이클 베커라는 사람은 인터뷰에서 이렇게 시인했다. 그는 휴대폰이란 항상 사람들과 함께 있고 항상 켜져 있는 상태기 때문에 사용자의 위치는 어디서나 체크 가능하다는 섬뜩한 사실을 확인했다. 물론 애플이나 구글에서는 회사 차원에서 사용자의 정보를 보호하기 위해 모든 앱의 설치 및 다운로드시 사용자의 동의를 구하게 했다고 말하지만, 유감스럽게도 형식적인 절차를 제외하고는 어떠한 강제적인 조치는 없었다.

이 리뷰에 의하면 대부분의 앱들은 간단한 소비자 보호조치조차 잘 제공하지 않았다. 구글이나 애플은 사용자 정보를 어떻게 운용할 것인지의 궁극적인 책임은 앱 개발사에게 있다고 말한다. 즉 자신들은 책임이 없고 앱을 제공하는 각 회사들에게 모든 권한과 책임이 있다는 말이다.

앱들이 사용자의 정보와 사용 성향을 취합하는 이유는 간단하다. 이 정보들은 다른 마케팅 용도로 무궁무진하게 사용될 수 있기 때문이다. 대부분의 앱 개발자들은 광고주나 고용주들로부터 사용자 정보를 더욱더 많이 전송하라는 압력을 받고 있다고 솔직히 시인하기까지 했다.

통신이 발달하면서 사이버 스페이스의 공간은 이제 개인의 존재를 철저히 통제하게 되었다. 이 글을 읽고 있는 당신은 혹 자신이 너무나 평범해서 사이버 스페이스에서 별 존재감이 없을 것이라고 착각할 수도 있겠지만 당신이 인식하는 것 이상으로 당신의 존재는 사이버 스페이스에서 적나라하게 드러나고 결코 숨겨지지 않는다.

현재 한국에는 공공기관에서 설치한 CCTV가 전국에 30만 9,227대가 깔려 있다. 여기에 상가나 대형건물 등 민간에서 설치한 CCTV 카메라 300만 대를 더하고, 또한 버스나 택스 등에 설치한 카메라와 기타 개인이 비공식적으로 설치한 카메라를 합치면 도대체 얼마나 많은 카메라가 우리 주변에 있는지 모른다. 성능은 또한 어떤가? 이제는 길가에 버린 담배꽁초의 연기까지 잡아낸다. 2010년 말 국가인권보호위원회의 보고에 의하면 한국 국민들은 하루 평균 83.1회 CCTV에 노출되는 것으로 나타났다. 세상에나!! 그뿐 아니라 폐쇄회로를 통해서만 보던 CCTV 영상들은 이제 점점 인터넷 기반의 네트워크 영상 장치로 옮겨지고 있다.[91] 이 말이 의미하는 바가 무엇인가? 당신의 모습이 찍힌 영상들이 해킹으로 조작되거나 외부에 유출될 위험에 노출되어 있다는 뜻이다.

당신의 컴퓨터, 스마트폰 등 인터넷에 접속되는 모든 기기들은 ip address를 가지고 있다. 그러므로 고정 ip든 유동 ip든 접속시간과 위치는 얼마든지 추적가능하다. 당신이 누구인지는 말할 것도 없다. 당신이 생각하는 것 이상으로 당신의 존재는 편집되거나 수정될 가능성에 노출되어 있다. 결국 당신이 상상하는 것 이상으로 사이버 스페이스는 당신을 속속들이 알고 있다.

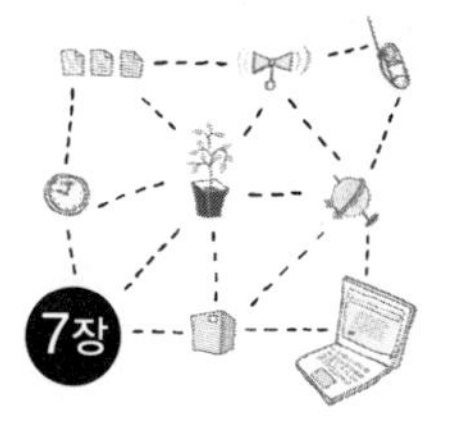

현실에 파고든 사이버 스페이스의 모습

일상 속의 사이버 스페이스, **시뮬라크라**

세컨드 라이프, 멀지 않은 내일의 모습

어제 우연히 캐나다인 친구가 낯익은 온라인 게임을 하는 것을 보았다. 세컨드 라이프Second Life였다. 참으로 오랜만에 보는 화면이었다. 한국에서 사업에 실패하고 철수한다는 소리는 들었는데 해외에서는 서비스를 지속하는 것을 보니 이 게임이 한국인의 정서와 맞지 않거나, 아니면 서비스가 한국인의 취향을 못 맞춘 것이거나 둘 중 하나일 것이다. 내가 마지막으로 세컨드 라이프를 방문한 때가 2년도 더 되었으니 정말 많은 것이 변했으리라.

그런데 흥미로운 생각에 집에 돌아와 소프트웨어를 다시 설치하는 실수를 그만 범하고 말았다.

"아예~ 방에서 나오지 마! 밥도 갖다 줄까? 응?"

살기 어린 아내의 음성에 떨면서도 난 음성채팅까지 시도하다, 결국 밥도 못 먹었다.

기술의 발달은 SF영화 속 이야기를 종종 현실로 가져올 때가 많다. 한국에서 90년대 중반 인터넷이 막 대중들에게 본격적으로 개방될 때도 이와 같은 가상 현실 게임은 이미 인터넷에 존재했다. 지금 세컨드 라이프가 제공하는 가상 세계 영토 개념도 1995년도에 이미 도입된 것이다. 마치 「스노우크래쉬」닐 스티븐슨 같은 SF소설에 나오는 사이버 세계와 같은 것들 말이다.

혹시 그때 세컨드 라이프 게임 사업을 하던 회사와 지금 회사가 같은 곳인지는 잘 모르겠다. 이제 내 기억력도 녹슬어 오래 전 일들은 하드 디스크의 배드섹터Bad Sector를 읽는 것처럼 잘 불러오지 못한다. 우리 뇌에도 디스크 조각 모음과 같은 역할을 해 주는 것이 있다면 얼마나 좋을까. 선택적으로 잃어버린 기억을 되찾기 위해서 말이다. 어쨌든 그때 그 회사는 기술적 한계와 느린 인터넷 속도 때문에 후속 서비스를 잘 유지하지 못했다. 나도 느린 그래픽 처리속도와 데이터 로딩 때문에 중간에 그만두었다.

그런데 이제 린든랩이라는 회사가 제공하는 이 세컨드 라이프 3D 가상 현실 게임은 테크놀로지의 발달로 SF영화 속 이야기를 곧 현실 세계로 불러올 것만 같다.

가상 현실, 현실을 넘어서다

세컨드 라이프를 게임이라고 말하는 사람도 있지만, 나는 이것이 게임의 범주를 넘어선 것이라고 생각한다. 이 서비스는 한 마디로 현실에 없는 사이버 세계의 땅으로 네티즌들을 초대하기 때문이다. 이 게임이 제공하는 땅은 끝없이 확장 가능한 사이버 상의 영역이며 무한대의 시공간이다. 접속하는 사람은 누구든, 그가 프랑스인이든 미국인이든 중국인이든 한국인이든 간에 시간과 공간에 제약 없이 언제, 어디서나 모일 수 있다.

그리고 게임 속에서 사람들은 자신들만의 아바타Avatar로 현신한다. 아바타란 자신을 대신하는 가상의 캐릭터다. 그곳에서 아바타로 현신한 개인들은 자유롭게 서로 만나 교제하며 마치 현실 세계처럼 사회적 관계를 유지한다. 물건을 사고팔기도 하고 서로의 생각과 문화를 거리낌없이 나눈다. 당연히 경제활동 가운데 실제적인 돈도 오갈 수 있다.

● 사람들은 인터넷의 폐해에 대해 염려할 때 흔히 포르노와 같은 성적 컨텐츠를 떠올린다. 폭력적이거나 염세적인 자살 사이트와 같은 불량 컨텐츠도 문제다. 그러나 더 무서운 것은 현실과 가상 세계에 대한 지독한 혼동에 있다.

내가 이 서비스를 게임의 범위를 넘어선 것이라고 보는 이유는 단 한 가지다. 바로 현실의 정확한 복제성 때문이다. 이 복제성이 다른 게임과 이 서비스를 차별화시킨다. 세컨드 라이프에는 다른 게임에서 볼 수 있는 가상액션이나 모험은 없다. 굳이 있다면 텔리포테이션공간이동으로 가상 세계를 옮겨가는 것과 아바타가 날아다니는 기능 정도다. 대신 현실적인 체험 대부분이 가능하다. 사용자가 조정에 미숙하면 지루함을 느낄 수도 있지만, 플레이어의 능숙함에 따라 게임의 묘미에 차이가 생긴다. 그러므로 인터페이스 기술이 발전하고 사용법에 익숙해지면 그 영향력은 엄청 커질 것이다.

몇 해 전 강남의 교보문고 매장 한 구석에서 특이한 상품을 프로모션하는 행사가 있었다. 마치 스키 고글처럼 생긴 디스플레이 안경 제품을 판매하는 행사였는데, 안경테 양쪽에 이어폰이 있고 그것을 착용하면 눈앞에 30인치 크기의 화면이 보이는 제품이었다. 액스맨 영화에 나오는 캐릭터인 싸이클롭이 쓰는 안경처럼 블랙의 세련된 디자인으로 되어 있어서 충동구매를 자극하였다. 그러나 가격이 너무 비싸기도 했고 눈앞에 펼쳐지는 영상의 크기에 아쉬움이 있어서 간신히 참았던 기억이 난다. 바로 이와 같은 디스플레이 인터페이스 기술이 더욱 발전하면 이 게임은 놀라운 힘을 발휘할 것이다.

오늘 방문한 세컨드 라이프는 예상한 대로 음성통신이 오픈되어 있어서 영어뿐만 아니라 한국말도 통했다. 뿐만 아니라 중국어나 일본어, 불어 등 세계 모든 언어가 이곳에서 통하고 있었다. 그래서 외국어를 공부하는 학생들이 먼 곳에 가지 않고도 배우기에 딱 좋은 사이트가 바로 세컨드 라이프다. 얼굴을 보지 않으니 덜 부끄럽고, 실시간 음성채팅이 되니 얼마나 좋은가? 고글을 쓰고 마우스 장갑을 끼고 마이크를 가진 채로 1~2년 내에 세컨드 라이프라는 가상 세계에서 누구나 제한 없이 세계의 모든 사람들을 만날 수 있을 것이다.

이러한 묘미 때문에 세컨드 라이프 게임은 어쩌면 곧 하나의 상징이 될지도 모른다. 현실을 떠난 또 다른 인생이 그곳에 있기 때문에 사람들은 점점 늘어나고 빠져들 것이다. 무엇보다 이 게임은 현실과 사이버 세상의 동화를 가져와 현실을 복사한 삶을 그대로 그곳에 심는다. 그것이 이 게임에 빠져들게 하는 이유인 동시에 위험한 것이 될 수 있는 점이다.

사람들은 인터넷의 폐해에 대해 염려할 때 흔히 포르노와 같은 성적 컨텐츠contents를 떠올린다. 폭력적이거나 염세적인 자살 사이트와 같은 불량 컨텐츠도 문제다. 그러나 더 무서운 것은 현실과 가상 세계에 대한 지독한 혼동에 있다. 사이버 스페이스에서 사람들은 현실에서는 불가능한 경이로운 경험을 자유롭게 할 수 있다. 인터넷 속에만 존재하던 가상의 공간이 이제는 현실과 함께 공존하는 세계로 변해가고 있다. 가상의 세계인 세컨드 라이프에서 현실의 시간과 똑같이 움직이는 사이버 활동 그 자체에 몰입하게 해 도리어 사람들의 현실 생활을 세컨드 라이프로 바꾸는 기회를 제공하고 있다. 이것이 바로 우리들 가운데 현존하는 사이버 스페이스의 무서운 일면이다.

우리는 얼마나 많은 시간을 인터넷에 몰입하는가? 나의 현재 모습은 어떨까? 솔직히 잠자는 시간과 먹고 이동하는 시간, 그리고 필수적인 만남의 시간을 제외하면 나머지 시간의 70% 이상이 컴퓨터와 인터넷에 연결되어 있다.

나는 지하 서재 방에서 위층에 있는 큰아들에게 전달할 말이 있을 때마다 MSN메신저를 켠다. 애써 힘들게 계단을 올라가서 말하는 것보다 사이버 세상에서 아들과 채팅할 때가 더 많다. 회사에 다닐 때는 업무상 컴퓨터와 인터넷 사용이 거의 100%다. 지식 습득과 여가활동도 인터넷, 지인들과의 커뮤니케이션도 인터넷 메신저, 쇼핑과 뉴스도 모두 인터넷을 통한다. 알게 모르게 이미 광적으로 인터넷의 포로가 되어 가고 있다. 이렇게 되면 가상세계는 세컨드 라이프가 아니라 어느새 생활의 대부분을 차지하는 퍼스트 라이프가 된다.

모니터와 인터페이스하다 – 시뮬라크라

윌리엄 깁슨이 「뉴로맨서」를 쓰게 된 계기는 길거리에서 전자게임에 열중하는 아이들의 모습에서 충격을 받고 나서다. 그는 그 순간을 이렇게 묘사했다.

> 그들의 긴장된 자세에서 그 아이들이 얼마만큼 게임에 빠져 있는지를 알 수 있었다. 화면에서 나온 빛이 아이들의 눈으로 들어가고 신경세포들을 통해 몸을 타고 흐르면서 전자들이 비디오게임을 통해 움직이는 듯한, 말하자면 마치 피드백 폐쇄회로 같았다.

그 아이들은 분명히 게임이 투영되는 공간의 사실성을 믿고 있었다. 볼 수는 없지만 분명히 있다고 믿어지는 세계를 ….

깁슨이 느끼고 예견한 사이버 스페이스는 80년대 아이들의 전자게임기 오락에서 오늘날의 인터넷으로 확장되었다. 사람들은 자신도 모르는 사이 자신의 정신과 영혼을 사이버 스페이스 속으로 몰입하고 있다. 굳이 컴퓨터 중독 혹은 사이버 중독이라 말하지 않아도 「뉴로맨서」에서 케이스가 몰입했던 사이버 스페이스의 세계가, 그리고 쿠사나기가 NET의 자의식과 결합한 것이 오늘날 네모난 모니터 속 인터넷 세상과 우리의 삶이 동화되어 가면서 실현되고 있다면 과장된 표현일까?

황동규 님의 시에 이런 구절이 있다.

나는 바퀴를 보면 굴리고 싶어진다.
자전거 유모차 리어카의 바퀴
마차의 바퀴
굴러가는 바퀴도 굴리고 싶어진다 …(하략)

시인이 내면의 욕망 표출을 바퀴를 보면 굴리고 싶다고 표현한 것처럼, 네모난 화면을 보면 나도 모르게 거기에 집중하는 나를 발견한다. 텔레비전도, 거리의 휘황찬란한 LCD 광고판도, 공항의 안내판, 대합실에 설치된 정보 화면, 그리고 책상 위 컴퓨터

등 켜져 있는 모니터를 보면 어떤 것이든 그 앞에 앉아 그냥 log-on되어 몰입한다.

내가 몰입하는 그 네모난 상자 안에는 언제나 또 다른 네모난 창이 열리고, 열린 그 창 안에는 늘 새로운 세계가 펼쳐진다. 그래서 그 앞에 서면 경직되고 만다. 그 앞에서 나를 잊고, 시름을 잊고, 현실을 벗어나 그 세상과 소통한다. 나의 가슴은 그 네모 안에서 늘 두근거리고, 그곳에서 만난 사람들과 인터페이스할 때 늘 새로움을 느낀다.

이전에는 활자로 표기되어 책이나 신문으로 전달되던 정보가 이제 대부분 컴퓨터와 텔레비전을 통해 사람들에게 전달된다. TV는 단순한 정보 전달자를 넘어 사람들의 생활과 의식에 많은 영향을 미친다. 컴퓨터의 등장은 말할 것도 없다. 한국의 만 12세 이상의 90.7%가 TV를 통해 일상생활에 필요한 정보를 얻고, 인터넷 이용자는 TV 다음으로 인터넷이 주된 정보수집 경로라고 한다.[92] 우리는 TV와 컴퓨터 없이는 살아가기 힘든 사회 시스템 속에 살고 있다. 이렇게 컴퓨터와 텔레비전에 의해서 사람들의 삶이 변화되는 것은 결국 인간이 스크린모니터과 인터페이스interface하는 삶을 산다는 것을 의미한다.

보드리야르라는 사람은 이러한 경우를 빗대어 사람들이 실재보다는 상상적 세계에 살고 있다고 비유했다. 그에 의하면 스크린혹은 모니터을 통한 상호작용과 커뮤니케이션이 의사소통의 주된 방법이 될 때, 네트워크를 통해서 복제 · 생산된 것은 궁극적으로 현실 세계에 실재하는 것이 결코 아니다. 즉 교환되는 모든 커뮤니케이션이 인간의 상상력에 의존하여 만들어진 세계일뿐이며 또한 그 세계의 이미지들이다. 그러므로 이때는 모든 기계가 스크린혹은 모니터이 되고 사람들 역시 스크린모니터이 되어, 인간의 의사소통 방식이 스크린모니터에 의한 커뮤니케이션 상호 작용으로 바뀐다고 보았다. 이 경우 스크린에 나타나는 이미지들은 그 어떤 것도 '깊이' 해독될 수 없다. 사람들이 인식하는 모든 사물이 '즉각적'이며 또한 '순간적'으로 정리되고 이해될 수밖에 없다.[93]

이것은 지금 우리 사회를 잘 설명하는 말이다. 오늘날 사람들은 모니터 앞에 집중되어 살아간다. 우리의 정신ghost은 우리 앞에 놓인, 그리고 그 너머에 존재하는 네트워크화된 컴퓨터로 인해 틀shell에 집중되고 분류 · 처리되어 가공되거나 정리된다. 그리고 다시 우리 앞의 네모난 화면monitor-shell에 나타난다. 그것이 TV든 컴퓨터의 인터넷 창이든 혹은 거리의 LCD광고판이든 상관없다.

이미지로 현실을 가공하다

시뮬라크라Simulacra라는 말은 원본과 단절되어 나타나는 이미지를 뜻한다. 그런데 그 이미지들은 그 자체가 또 다른 실재가 될 수도 있고 다른 형태를 재생산할 수도 있다. 혹은 다른 이미지로 변형될 잠재성을 가진다. 현대 사회는 바로 이 시뮬라크라에 의해

지배되고 대체되는 사회이며, 현실 세계에는 갖가지 형태로 이미지화된 것들의 집합이 두드러진다.[94]

현대 사회는 어떤 의미에서는 사물이 기호에 의해서 현실이 이미지image화되어 나타나는 사회다.[95] 어려운 표현 같지만 쉽게 말해 현대 사회에서는 이미지가 사회를 지배한다는 뜻이다.

즉 어떤 제품을 광고하는 유명인의 이미지가 그 제품의 이미지가 된다거나, 인터넷 상의 수많은 의견과 댓글이 곧 그 현상을 설명하는 원래 메시지를 대체하는 경우와 같다. 아주 쉬운 예로 영국의 황태자비였던 다이애나를 들 수 있다. 그녀의 갑작스런 죽음 앞에 영국은 말할 것도 없고 세계 여러 곳에서 사람들이 극심한 충격과 슬픔에 빠지는 일이 발생했다.

그런데 실제로는 많은 사람들이 그녀를 만난 적이 없음에도 불구하고 어떻게 이런 일이 가능했을까? 사람들은 다이애나를 마치 잘 알고 있는 것처럼 여겼지만, 정말 그 복잡하고 기구한 운명의 여인의 실체를 아는 사람은 과연 얼마나 있었을까? 그녀는 정말 솔선수범하는 여인이었을까? 아닐지도 모른다. 그녀는 단지 그런 뉴스의 헤드라인이 되곤 했을 뿐이다. 또 실제로 톱디자이너의 옷만 입고 다니는 우아하고 글레머러스한 여성이었을까? 사실은 그런 모습만 비쳐진 것일지도 모른다. 그런데 아이러니한 것은 그런 이미지가 실체를 삼켜버렸다는 점이다.[96]

그녀가 애인과 함께 차를 타고 가다 사고로 죽었을 때 죽음을 둘러싼 음모론도 있었지만 모든 실체는 가려진 채 그 음모론조차도 그녀의 이미지를 위해 사용될 정도였다. 그녀의 결혼부터 삶의 일거수일투족까지 미디어들은 그들만의 게임을 통해 수줍은 다이애나를 시대의 아이콘으로 만들었다. 그러는 동안 미디어들은 단순히 그녀의 삶을 조명할 뿐만 아니라 그녀의 삶을 빚어내고 가꾸었으며 심지어는 죽음으로까지 몰고 갔을 수도 있다.

결국 다이애나의 죽음이 그토록 충격적이었던 것은, 그녀가 우리에게 남긴 것이 실체가 없는 이미지뿐임을 깨닫게 되어서 그런 것은 아닐까?[97] 한류 드라마 〈겨울연가〉에 나온 배용준도, 드라마 〈시크릿 가든〉의 현빈도, 그 어떤 유명 배우 역시 자신의 본연의 모습이 아닌 스크린에 투영된 이미지로 대중에게 쉽게 각인된다. 인터넷에 떠도는 모든 가십과 루머도 마찬가지다. 진실은 가려진 채 수많은 댓글과 추측과 상상들이 실체를 가린다. 결국 진실은 어디에도 존재하지 못하고 떠돈다.

이러한 사회에서는 보드리야르의 말대로 재현된 이미지와 실재의 이미지의 관계가 종종 역전된다. 바로 모형가짜에 의해 발생한 초 실재성Hyper-real이 나오는 것이다. 걸프전의 경우가 바로 그렇다. 모두가 인정하듯이 이 전쟁은 그야말로 신사적인 최첨단 기술전쟁이었다. 시시각각으로 TV를 통해 보인 것은 폭격당한 민간인 희생자가 아닌 '부대 손실' 정도였다. 그렇게 각인되도록 선별된 영상 이미지가 나오곤 했다. 보드리야르는 걸프전이 아예 발발하지도 않았다고 주장할 정도로 텔레비전 스크린을 통한 초 실재성의 연출을 비판했다.[98]

사이버 스페이스 역시 하나의 시뮬라크라 세계다. 모든 것이 그 안에서 이미지화되어 있다. 사람도, 정부도, 사회도 모두 정보의 형태로 이미지화된다. 사이버 세계에서 실제 모습은 숨겨진 채 변형된 아바타만이 드러나며 활동하기도 한다. 인터넷 쇼핑을 하거나 인터넷 게임을 하거나 인터넷 채팅을 할 때, 우리는 현실보다 더 실재 같은 체험을 바로 손끝에서, 눈앞에서 인식하고 즐길 수 있다. 비행기 티켓을 끊고 여행을 떠나고 자신의 최신 주장을 손끝 하나로 전 세계에 알릴 수도 있다. 박물관과 미술관을 관람하고 사이버 섹스의 세계도 경험한다.

결국 네모난 사각형의 모니터는 사람들의 정신과 감각을 집중하게 만들고 딴 곳을 볼 수 없게 한다. 아파트 베란다 밖의 따스한 햇볕도, 빌딩 밖 청명한 하늘과 구름도, 친구의 떠드는 목소리도 그 안에는 없다. 공간의 제약을 뛰어넘고 오직 화려한 감각과 현란한 이미지들이 사이버상에 난무한다. 현실과는 또 다른 세계로 많은 사람들의 정신이 또한 이미지화되어 인터페이스 되는 곳이 바로 사이버 스페이스다.

현재 우리 곁에 있는 사이버 스페이스는 이러한 방법으로 인간의 진짜 육체 속에 있는 정신과 영혼을 네트워크의 껍질 속에 있는 가상의 세계 속으로 이전transportation시킨다. 쿠사나기가 말한 것처럼 NET의 세계는 광대하다. 그곳은 무한대의 정보와 가치가 곳곳에 산재해 있다. 그 세계 속에 우리의 정신이 몰입된다. 이것은 현실화된 ghost in the shell인 것이다.

사이버 스페이스 중독의 원인

그렇다면 사람들은 왜 사이버 스페이스에 몰입할까? 앞에서 말한 것처럼 사이버 스페이스는 현실에 있는 모든 사물들을 이미 정보의 형태로 그 속에 재현했다. 그러므로 사이버 스페이스가 제공하는 교감적 환상 속에서 사람들은 마치 거기에 있는 것Being there과 같은 경험을 실감한다.[99] 「뉴로맨서」에 나오는 사이버 스페이스가 그러했다. 도시의 불꽃과도 같이 현란한 그 세계는, 불완전하고 영원하지 못한 육체가 그 본연의 모습을 벗어나 완전하고 영원할 것 같은 환상을 갖게 한다. 그리고 접속자에게 무한한 자유를 주는 공간이 된다.

인터넷이 제공하는 현실의 사이버 스페이스 역시 마찬가지다. 사이버 스페이스는 내적, 외적 세계간의 경계를 허물어뜨리며 가상 세계와 이 현실 세계가 마치 하나의 동일한 세계일 수 있다는, 혹은 가상 세계가 하나의 완전한 독립적인 현실일 수 있다는 환상을 심어 준다. 그래서 사람들은 사이버 스페이스에 몰입한다.

● 처음에는 스트레스를 해소하려고 혹은 흥미로 접하다가 점점 사용시간이 길어짐에 따라 거기서 벗어날 수 없게 된다. 더욱 그 상태에 젖어 들고 중독되는 것이다.

우리가 접하는 게임과 커뮤니티, 싸이월드나 페이스북과 같은 개인 홈피에서 우리는 자신만의 이미지를 만들고 그곳에서 전능해진다. 이러한 판타지의 세계에 빠지면 사람들은 현실을 거부하기 쉽고 타인을 인정하기 힘든 상태에 빠질 수 있다. 이것은 마치 정신병적인 증세와 비슷하게 사람을 몰아붙일 수 있다. 그래서 피터 바이벨은 사이버 스페이스를 심지어 '정신병적인 공간' Psychotic space이라고까지 불렀다.[100]

중독은 하나의 습관적 행동패턴이다. 처음에는 잘 깨닫지 못하지만 점점 더 강한 자극을 원한다. 개리 스몰 같은 뇌의학자의 말을 빌리자면 중독이란 뇌에서 더 강한 도파민의 분비를 원하는 메카니즘이다. 각성제 사용이나 알코올 중독 혹은 도박 중독처럼 자신이 원하는 쾌락을 추구할 때 도파민은 중독 상태의 행복감을 느끼게 해 주는 주된 요인이다. 처음에는 스트레스를 해소하려고 혹은 흥미로 접하다가 점점 사용시간이 길어짐에 따라 거기서 벗어날 수 없게 된다. 더욱 그 상태에 젖어 들고 중독되는 것이다.

또한 중독의 주된 원인은 개인적이긴 하지만 유전적 요인도 크다. 우울증, 불안, 갈등상황 등에서 벗어나기 위해서 사이버 스페이스를 찾는 경우다. 청소년과 같은 시기에는 같은 또래집단에서 오는 압력, 즉 동참해야만 하고, 같은 문화나 같은 코드를 공유해야 한다는 동류집단의 압력 때문에 더욱더 참여하게 되는 경우가 많다.[101] 페이스북, 채팅, 온라인 게임, 커뮤니티, 온갖 종류의 소셜 네트워크가 모두 다 이러한 참여의식의 강압성이 크다.

또한 현실 세계에서 채워지지 않는, 사람에 대한 그리움 때문에 중독되기도 한다. 사람들은 소외를 두려워한다. 예전에도 그러했고 지금도 그렇지만, 현대 사회로 올수록 인간소외는 더욱더 커져간다. 그런데 아이러니하게도 이러한 소통의 부재에서 오는 보상심리가 사람들을 사이버 스페이스로 인도한다. 현실에서 느끼는 소통의 결핍 때문에 가상 세계에서만이라도 그 결핍을 보상받고 싶어 하는 것이다.

사이버 스페이스에서는 현실에서 불가능한 관계성을 얼마든지 새롭게 가질 수 있다. 게임이나 채팅을 통해서 혹은 블로깅이나 커뮤니티 활동을 통해서 이 모든 시도가 이루어진다. 이 경우 사이버 스페이스는 없어서는 안 될 중요한 소통의 장인 동시에 사교의 장이자 막강한 커뮤니티의 집합체가 된다.

마지막으로, 컴퓨터 네트워크가 만든 지금의 사이버 스페이스는 이제 더 이상 사람들과 동떨어져 저 멀리 있는 객체로서 존재하는 곳이 아니기 때문이다. 이제 인터넷이 없으면 회사 업무도, 공부도, 지인들과의 의사소통도 제대로 할 수 없다. 인터넷은 이제 생활의 일부로 우리 가까이 존재한다.

얼마 전 영국 BBC 방송이 세계에서 인터넷이 제일 발달한the world's most wired 한국 가정을 대상으로 인터넷 없이 일 주일 동안 생활해 보는 이색 실험을 한 적이 있다.[102] 이 실험은 처음부터 난관에 부딪혔다. 학교 과제물 제출이나 인터넷 사업 혹은 재택근무 등 다양한 이유 때문에 실험에 참여하려는 사람을 찾기가 하늘의 별 따기였다. 뉴스 검색, 소셜 네트워킹, 주식거래, 심지어 텔레비전 시청까지 인터넷을 통해 하기 때문에 인터넷 없는 생활을 아예 겪어 보려 하지 않았다.

마침내 간신히 두 가구의 승낙을 받아 일주일간 인터넷 없는 생활을 관찰했다. 실험 결과는 불편하다, 연락이 안 된다, 소외감을 느낀다, 일찍 일어나게 된다, 책을 더 많이 읽게 된다, 인터넷에 의존한 생활을 자각할 수 있는 기회가 된다 등 다양한 소감이 나왔다. 그렇지만 참여자들은 실험이 끝난 후, 인터넷 없는 생활은 일주일로 충분하다고 고백했다. 결론은 이제 인터넷 없이는 결코 못 산다고 느낀 것이다.

사이버 감정교류

혹시 '엄마봇'@umma_bot이라는 말을 들어 본 적이 있는가? 엄마봇이란 단문 서비스, 즉 메시지 서비스인 '트위터'twitter에 나타난 신종 서비스로 엄마 역할을 하는 서비스를 일컫는 말이다. 이 엄마봇은 대뜸 "저녁은 먹고 다니냐"고 물으면서 자신의 등장을 알린다. "벌써 새벽 한 시다. 자라." "너 오늘 집에 언제 들어올거야, 저녁 해 놓는다" 등 마치 엄마처럼 잔소리를 하기도 한다.

이 서비스는 만들어진 지 5일 만에 3,500명이 넘는 사람들이 팔로잉following할 정도로 인기를 끌었다. 엄마봇이 등장한 후로 '아빠봇'@tweets_papa, '부장봇'@Boojang_bot' 등 다양한 '역할봇'이 등장했다. 그리고 많은 트위터 이용자들이 이 같은 '역할봇'에 열광하고 있다. 그들은 부모님 행세를 하는 서비스 계정에 "엄마 사랑

해요", "전화 자주 할께요"와 같은 메시지를 보내고, 부장봇에게는 실제 부장에게 하지 못하는 푸념을 하면서 대리만족까지 느낀다.

이런 서비스는 컴퓨터 프로그램에 의해 자동으로 관련 정보를 트위팅하는 이른바 '트윗봇' 서비스가 변형된 형태다. 가령 서울의 날씨를 알려 주는 날씨봇@seoul_wt이나 시간마다 종소리 트윗을 보내는 등 일방적으로 정보를 제공하던 트윗봇들이 의인화된 것이다. 그리하여 마침내 이용자들과 직접 대화를 나누는 '역할봇'으로 발전했다.

이러한 특정 역할이 있는 트윗봇은 자동으로 트위팅을 하는 기존의 서비스와 달리 누군가가 직접 글을 쓰거나 특정 단어가 리트윗RT되면 반응하는 식의 반자동 형태로 운영된다. 단순히 재미를 위해 시작되었지만 재미와 위안을 준다는 것은 사람들의 마음속에 공감을 준다는 의미기에 이것은 또 다른 판타지의 세계가 된다.[103]

미래는 현재에도 있다

사람들은 이렇게 모니터 화면에 떠오르는 문자를 보며 희노애락을 느낀다. 그것이 사람이 쓴 글이든 기계가 데이터를 가져와서 화면에 뿌린 것이든 중요하지 않다. 인터넷 채팅을 할 때도 사람이 아닌 기계, 즉 인공지능이 사람들과 대화하면서 어떤 정서적인 효과를 얻는다면 이것은 무엇을 의미하는 것일까?

컴퓨터와의 대화라고 해서 그때 받은 정서까지 가짜라고 부정할 수는 없을 것이다.[104] 마치 온라인 게임에서 게임엔진이 만든 캐릭터가 나의 아바타에게 격려의 말을 건네거나 용기를 북돋아 주는 경우처럼 말이다. 기계가 만든 그 캐릭터가 스스로의 정체를 밝히지 않는다면 우리는 그것을 기계로 받아들일까 아니면 혼돈된 하나의 정체로 수용할까? 이제 컴퓨터를 대하는 태도에서 일종의 이데올로기적 인식전환이 필요할지도 모른다.[105]

그렇다. 사이버 스페이스는 사람들에게 일종의 이데올로기적 판타지ideological fantasy를 제공하고 있는 것이다.[106] 자신의 내적 판타지를 외형화하여 나타낼 수 있는 장소로 사람들은 사이버 스페이스를 무한대로 사용하기 시작했다. 그곳에서는 현실에서 불가능한 모든 것이 가능하다. 따라서 개인은 사이버 스페이스를 하나의 인격적인 대상으로까지 인식하기에 이른다. 사이버 스페이스는 현실 같은 실재성을 제공할 뿐 아니라, 현실에서 결핍된 소통을 가능케 하며, 내면의 욕망을 외형화할 수 있는 기회를 제공한다.

사이버 스페이스는 이제 더 이상 영화나 문학작품 속의 상상이 아니다. 미래에 대한 예측도 더더욱 아니다. 이것은 이미 영화나 소설에서 튀어나와 현실이 되어 나타났다. 그것이 인터넷 중독이 되든, 왜곡된 정보의 범람이든 혹은 인간성의 회복이나 상실이든 어떠한 형태로 이미 우리들 가운데 실재하게 되었다.

"미래는 현재에도 있다. 단지 널리 알려지지 않았을 뿐이다."

The future is here. It's just not widely distributed yet.

월리엄 깁슨William Gibson

깁슨이 우리에게 암시하는 것은 정확하다. 그렇다. 미래는 지금 이미 우리 가운데 존재한다. 다만 우리가 아직 깊이 인지하지 못했을 뿐이다.

사이버 와이프 혹은 애인?

출시 하루만에 10만 건에 가까운 다운로드 기록을 만든 "오빠 나야"라는 아이폰 앱이 있다. 이 앱은 가상의 여자 친구가 영상전화를 걸어 주는 스마트폰 애플리케이션인데, 예쁜 얼굴에 애교까지 갖춘 앱상의 여성은 중년 남성들로 하여금 묘한 설레임까지 갖게 만든다고 한다. 매일 예쁜 여자가 나오는 전화를 기다리는 가슴 속도 설렘이지만, 가상이긴 해도 영상을 통해 여자 친구의 달달한 애교를 볼 수 있다는 점에서 활력소가 대단하다는 것이다. 비록 유료라도 결코 아깝지 않다는 반응이다.[107]

가상의 여자 친구는 정해진 시간에 영상전화를 걸어 "나랑 데이트하자", "나 아이스크림 먹고 싶어", "잘 자! 좋은 꿈꿔" 등의 달콤한 멘트를 보낸다. 이 서비스는 100여 개의 HD영상과 동시 녹음이 가능해서 실제로 영상통화를 하는 듯한 느낌을 준다. 전화가 걸려오는 시간은 사용자가 임의로 설정하고 '가상 여친'과 주고받은 통화 내용은 다시보기를 할 수도 있다. 기사는 사용자가 가상의 여자 친구의 존재에 지나치게 감정을 이입할 경우 현실에서 부작용을 경험할 수도 있다고 친절하게 적었다.

재미있다고 느낄 수도 있지만 서글픈 현상이기도 하다. 한 기혼 남성은 아내가 이 앱을 알고 나서 기분 나빠해 결국 보는 앞에서 삭제했다고 말했다. 가상 세계의 애인 때문에 현실 세계에서 실제 아내와 불화가 생긴 것이다. 웬지 알 파치노의 영화가 생각난다. 시몬Simon이라는 이름을 가진 컴퓨터로 만든 가상의 여인이 영화의 주인공이 되어 대중적인 인기를 얻는다는 내용의 영화다. 시몬, 너는 아는가, 이 이름을? 음, 왠지 괴기스럽게 느껴지기도 한다. 어쨌든 "오빠 나야"와 같은 에피소드는 바로 한국에서 현재 진행 중에 있다.

그 앱에 녹화된 사람은 실제 모델들이다. 그저 재미라고 말할 수도 있지만 당신의 배우자나 연인이 당신 아닌 가상 세계의 어떤 애인에게 마음과 정신을 빼앗기는 것이다. 그녀가 비록 실물로 옆에 있지 않더라도 보고, 듣고 심지어 화면을 터치해 만날 수 있다면 그 감정은 어떤 것일까?

은밀한 욕구는 청각과 시각에 더 민감하다. 만약 여기에 성인용 앱이라는 타이틀을 붙이면 이것은 곧바로 실시간 포르노이자 실시간 사이버 섹스가 된다. 그것도 손 안에 들린 스마트폰으로! 법규만 허락한다면 이것은 욕망의 선을 탄 노다지가 될 것이다.

우리는 지금 이런 세상에 살고 있다. 가상 세계와 현실이 혼재하는 나라가, 바로 지금 우리 곁에 있다.

3부

중독을 이기고 누리는 삶으로!

깨닫는 순간 해결의 열쇠가 보이는 법이다.
중독의 가장 큰 원인은 현실의 스트레스에 대한 도피 심리이다.
과도한 스트레스와 삶의 중압감에서 오는
무기력과 일상의 무미건조함이
우리를 사이버 스페이스에 몰입하게 만든다.
스트레스에 짓눌린 정신은 치유를 갈망하고,
호기심과 욕망은 무한대로 커져가므로
사이버 스페이스에 쉽게 중독되는 것이다.
그렇다면 이 중독에서 어떻게 벗어날 수 있을까?

IT 전문가 가족의 **사이버 중독 탈출기**

8장

가정에서 시작하는 부모들의 대처방안

치유를 향한 걸음

도를 지나쳐 즐기면 현실을 떠나게 된다

중국의 8대 기서에 속하는 「요재지이」聊齋志異라는 책에는 주거인朱擧人의 벽화 이야기가 나온다. 어느 날 친한 친구 맹용담孟龍潭과 함께 한 유서 깊은 절에 들러 절 구경을 하던 주거인은 우연히 어떤 건물 안에 그려진 오래된 벽화에 매혹된다. 꿈과 같이 아름다운 선경이 그려진 벽화에서 너무나 아름다운 여인을 보고 그만 마음을 빼앗기고 만 것이다. 가지런히 머리를 늘어뜨린 채 마치 그를 향해 미소를 짓고 있는 것만 같은 모습에 매혹된 주거인은 자신도 모르는 사이 구름을 탄 듯 그림 속으로 빨려 들어간다. 그리고 벽화 속 세상에서 꿈과 같은 삶을 살게 된다. 물론 그림 밖에서 보았던 그 여인을 만나 사랑도 나누고 현세도 잊은 듯이 살아간다.

그러던 어느 날 하계下界에 속한 자신의 정체를 들킨 주거인에게 그 세계의 무서운 장수가 나타나자 그는 두려운 마음에 자신이 살던 집 침대 밑에 숨는다. 그러나 너무나 큰 두려움에 떨던 그는 마침내 몸이 굳어지고 정신이 멍멍해진 채 자신이 어디서 왔는지, 누구인지도 모를 지경에 이른다.

한편 현실 세계에서는 그가 없어진 것을 알고 찾아 헤매던 친구 맹용담이 주지스님의 도움으로 벽화 속 집안 침대 밑에 숨어 있던 주거인을 발견한다. 주지 스님은 맹용담의 요청에 신통력을 부려 주거인을 다시 현실 세계로 불러낸다. 현실 세계로 돌아온 주거인은 마치 혼이 달아난 듯 나무토막같이 멍한 상태였지만 친구가 흔들어 부르는 목소리에 가까스로 정신을 차린다.

현실로 돌아온 주거인은 벽화 속 여인이 변한 모습에 놀라고 말았다. 자신이 벽화 속으로 들어가기 전에는 늘어뜨린 머리였는데, 벽화에서 나와서 보니 땋아 올린 모습으로 바뀌어 있는 것이 아닌가! 혼란스러워 하는 주거인에게 주지 스님은 모든 것은 마음에서 비롯된다는 선문답 같은 말을 전하며 웃었다 한다.

이 기이한 옛날 이야기가 전하는 교훈은 무엇이든 도를 지나쳐 즐기면 마음이 미혹되고 현실을 떠나 세월을 속이게 된다는 것이다. 또한 모든 것은 마음에 달려 있으니 엉뚱한 것에 마음을 빼앗기지 말라는 가르침도 숨어 있다.

사이버 중독의 세계도 마찬가지다. 우리에게 펼쳐진 아름다운 사이버 스페이스라는 벽화를 즐기고 누리는 것에 도를 지나쳐 만약 그 세계에 미혹되어 현실의 삶을 떠난다면 우리는 주거인처럼 벽화 속 인생을 살게 된다. 사이버 스페이스에 중독된 삶이란, 사람들을 현실로부터 분리된 삶을 살게 하기 때문에 언제나 경계가 필요하다.

현실이 그렇더라도…

마우스를 클릭함으로써 나는 다른 세상으로 들어간다. 키보드를 두드리는 손가락의 속도에 우리 팀의 운명이 달렸다. 굳이 직접 가지 않아도 모니터 속의 20인을 통해 나는 이미 그곳에 대해 많은 것을 알고 있고 또한 경험했다. 내 손 안에서 모든 링크가 가능하다. 나의 모든 자유는 이 양손 끝에서 성취된다.

사이버 중독이란 이처럼 손가락 끝을 통해서 만들어가는 감각의 제국 같다. 그곳에서는 단 몇 초의 느림이란 참을 수 없는 존재의 가벼움이다. 시간은 한정되어 있지만 개인의 욕망은 한없이 무한 재생산되고 커져 간다. 빛의 속도로 소통되는 사이버 스페이스의 생존방식은 무한대의 호기심을 먹고 산다.

사이버 스페이스는 분명 우리 곁에 실재하는 또 하나의 세계다. 가상의 세계이면서 또한 실존하는 현실적인 그 정체에 대해 어떻게 바르게 인식하고 수용해야 할까? 현실 세계를 벗어나 그 세계에만 몰입하는 사이버 중독은 한 개인에게만 국한된 것이 아닌 사회 전체의 문제이기에 더더욱 심각하다. 일이든 취미든 혹은 오락이든 필요에 의해 사이버 스페이스를 찾지만 올바른 선택과 균형이 없다면 우리는 자기도 모르는 사이에 중독의 길로 갈 수밖에 없다.

특히 입시공부만 강요하는 한국의 교육은 아이들에게 지루함의 연속이다. 개인의 개성이나 자유는 과도한 학습량과 부조리한 시스템 속에 더 이상 악화될 수 없는 지경에 이르렀다. 엄청난 경쟁과 스트레스, 미래에 대한 불안감, 그리고 이것들을 떨쳐 버릴 실제적인 대안이 없는 현실에서 아이들은 틈만 나면 사이버 스페이스에 몰입하게 된다. 그것이 컴퓨터든, 아이팟이든 혹은 DMB, PDA건 상관없다. 현실의 무미건조함과 지루함을 잊을 수 있고 스트레스를 날려버릴 통쾌함은 사이버 스페이스에 무궁무진하게 널려 있다.

여기에 얄팍한 상혼은 사이버 스페이스에서 십대들의 욕구에 무자비하게 대응한다. 최첨단 핸드폰과 엄청난 물량이 투입된 게임 프로그램들은 십대들의 호기심과 병든 가슴을 기회로 성장했다고 해도 과언이 아니다. 어른들도 마찬가지다. 현실의 스트레스와 삶의 무기력함이 사이버 스페이스에서 보상받을 때 그 사이버 스페이스는 한계 상황의 탈출구로 작용한다.

사이버 중독은 현실의 무기력함과 일탈을 먹고 자란다. 과도한 스트레스와 삶의 중압감에서 오는 무기력과 일상의 무미건조함이 우리를 사이버 스페이스에 몰입하게 만든다. 스트레스에 짓눌린 정신은 치유를 갈망하고, 호기심과 욕망은 무한대로 커져 가기 때문에 사이버 스페이스의 확장성에 쉽게 중독되는 것이다. 클릭하는 손끝마다 새롭게 또 다른 세계가 펼쳐지고 브라우저와 윈도우 창을 넘나드는 사이버 서핑은 사람들을 끝없는 몰입 속으로 이끈다. 현실 세계의 어떤 활동보다 그 세계의 마력에 빠지는 순간, 사이버 스페이스 속 세컨드 라이프는 어느덧 퍼스트 라이프가 되어 버린다.

● 여기서 중요한 키 포인트는 이 모든 것이 아이들과의 충분한 대화로 자녀의 이해와 동의를 이끌어 낸 이후에 이루어져야 한다는 것이다. 왜, 무엇 때문에 절제가 필요한지에 대한 뚜렷한 목적의식과 설명 없는 강제는 오히려 역효과를 부른다.

이 중독에서 과연 어떻게 벗어날 수 있을까? 이미 컴퓨터와 인터넷이 없다면 사회 자체의 존속마저 힘든 시대에서 우리는 어떻게 지혜롭게 살 수 있을까?

치유방법 1 - 자녀들의 사이버 중독에 대응하는 법

강제적인 개입이 시작이다 – 공감과 대화는 필수

중독에 걸렸다고 진단된 가족이나 아이들을 위한 가장 실제적인 방법은 첫째, 무엇보다 부모의 적극적이며 강제적인 개입이다. 어떤 사이트에 들어가지 않겠다거나 게임을 하지 않는다는 등의 말로 하는 결단보다 부모들이 자녀들의 컴퓨터 사용시간에 대해 강제적으로 제동을 거는 직접적인 방법이 절대적으로 필요하다.

어떤 중독이든 처음부터 개인의 자율에 결정을 맡기면 치유가 불가능하다. 이것은 사이버 중독에 걸린 아이들에게도 마찬가지로 적용된다. 자녀를 믿지 못해서가 아니라 사이버 스페이스의 힘과 그 경계가 너무나 크기 때문이다. 주거인의 벽화 이야기에 나오는 친구 맹용담의 존재가 중독된 사람들에게 진실로 필요하다.

컴퓨터뿐만 아니라 스마트폰으로 대변되는 핸드폰과 모든 종류의 PDA와 휴대용 기기들도 모두 사이버 스페이스의 통로가 된다. 따라서 자녀들의 IT 기기 사용 역시 부모가 적극적으로 개입해야만 아이들의 사이버 중독 치료에 첫걸음을 디딜 수 있다. 이를 위해서 컴퓨터 사용 통제 프로그램을 적극 활용하고, 저녁 일정시간 이후의 핸드폰이나 아이팟과 같은 개인용 가젯gadget들을 강제적으로 통제해야 할 필요도 있다.

여기서 중요한 키 포인트는 이 모든 것이 아이들과의 충분한 대화로 자녀의 이해와 동의를 이끌어 낸 이후에 이루어져야 한다는 것이다. 왜, 무엇 때문에 절제가 필요한지에 대한 뚜렷한 목적의식과 설명 없는 강제는 오히려 역효과를 부른다. 자신의 아이들을 믿기 때문에 더더욱 이런 공감이 필요하다. 사이버 스페이스의 흡인력은 현실 세계의 그 어떤 문화나 집단보다 강하다. 그러므로 청소년 혼자의 힘으로 그 세계를 제어하는 것은 역부족이라고 단언한다.

컴퓨터를 자녀의 방 대신 온 가족이 볼 수 있는 거실에 두어 충동을 관리할 수 있는 여건을 만드는 것도 좋은 방법이다. 고대안암병원의 이민수 교수는 자녀에게 강압적으로 인터넷을 못하게 하면 이미 '중독 상태'인 충동적 욕구를 폭력, 도박, 약물 등 다른 방식으로 표출할 가능성이 크다고 말한다. 따라서 1주일에 10분 정도씩 천천히 단계적으로 사용시간을 줄이게 해야 한다고 조언한다.

건국대병원 신경정신과 하지현 교수의 방법도 효과적이다. 그가 제시한 방법은 자녀들에게 하루가 24시간으로 한정되어 있다는 사실을 알려 준 뒤 인터넷을 하느라 놓친 것이 무엇인지 스스로 목록을 작성하게 하는 것이다. 그 뒤 목록에 포함된 일과 인터넷 중 어느 것이 더 중요한지 아이에게 자각하도록 만들어 자녀 스스로 인터넷에 몰두하는 것에서 벗어나게 유도하는 것이다.[108]

국가가 적극적으로 사이버 스페이스에 대해 통제를 하지 못하는 현실에서 그나마 한 가지 마련해 놓은 것이 컴퓨터 · 인터넷 통제 프로그램의 무료 공개다. www.greeninet.or.kr라는 사이트에는 정부가 지원하여 만든 여러 컴퓨터 · 인터넷 통제 프로그램이 무료로 제공된다. 시중의 어떤 유료 프로그램 부럽지 않다. 이 중에서 자신의 취향에 맞는 프로그램을 하나 다운받아 자녀들의 PC에 설치해 놓으면 기본적인 통제가 가능하다. 이 사이트에서 제공하는 대부분의 프로그램들은 컴퓨터 · 인터넷 시간 통제와 사이트 검열, 그리고 접속한 기록을 볼 수 있는 기능을 가지고 있다. 적극 추천한다.

현실에서 즐거움을 느끼게 하라

물리적인 통제 방법 다음으로 두 번째는 근본적인 생활 처방이 뒤따라야 한다. 즉 현실은 무미건조하고 지루한 것이라는 아이들의 오해를 벗기는 단계다. 학생들의 경우 공부에 올인하지 않는 가정 환경 조성, 다양한 여가활동과 취미를 기르는 노력, 운동의 매력 등 시도가능한 모든 노력이 필요하다.

한국의 교육환경과 여건에서는 이러한 방법이 현실성 없는 말로 들릴 수 있다. 그러나 중독에 빠진 자녀를 치유하기 위해서는 남다른 결단이 필요하다. 무엇보다 자녀의 노력을 재촉하기 이전에 부모의 부지런함과 관심, 그리고 배려가 필요하다. 현실보다 사이버 세계에 매력을 느낀 중독자들을 근원적으로 치유하는 힘은 사이버 세계에는 없는 육체적 활동과 즐거움밖에 없다.

북미와 유럽의 아이들이 한국 아이들보다 컴퓨터 · 인터넷 중독 비율이 낮은 것은 그 아이들이 살아가는 현실 생활의 생동력에 기인한다. 한국 아이들과 같은 학업 스트레스는 전혀 상상할 수도 없다. 비정상적인 학업 스트레스가 실생활에서 십대들의 활력을 빼앗고 사이버 중독을 일으키는 큰 원인이 된다. 그러므로 우리는 아이들의 스트레스 해소를 위한 여건 조성에 노력을 기울여야 한다. 그것이 운동일 수도 있고, 취미나 클럽활동일 수도 있다. 분명한 것은 방 안에 가만히 혼자 있는 환경에서 아이들을 탈출시켜야 한다는 사실이다.

이에 대한 방법은 각 가정마다 다르겠지만 사려 깊은 계획과 실천이 필요하다. 가령 아이들이 감당할 만한 일을 마련하고 그 일을 분담하는 것도 굉장히 좋은 방법이다. 너는 공부만 해라, 나머지는 엄마, 아빠가 담당하겠다는 태도는 아이들을 망치는 지름길이다. 서구의 아이들은 청소년이 되면서부터 스스로 독립할 준비를 한다. 가사업무를 아이들에게 부담시켜도 좋다. 자기 방 청소뿐만 아니라 쓰레기를 치우는 일, 아버지를 도와 집을 수선하는 일, 설거지도 좋다. 혹은 활발한 취미활동도 좋다.

무엇이든지 자신이 감당해야 할 일이 있고 그 일을 하는 가운데 알게 되는 현실상황 파악은 아이들로 하여금 가상 세계에 대한 올바른 인식능력과 대처방법을 키워 준다. 우리 가정은 이 방법을 적극 도입했다. 나로부터 시작된 사이버 중독의 심각성을 고치기 위해 아내가 적극적으로 악역을 자처하고 나섰다. 청소와 설거지, 방 정리하기, 숙제 도와주기, 도서관 가기, 산책과 수영 함께 하기 등등 찾아보니 함께 할 일이 너무 많았다.

가족들과 보내는 시간의 양과 질을 높여라

사이버 스페이스에 빠진 아이들을 현실 세계로 인도해 내기 위한 셋째 단계이자 가장 중요한 방법은 가족 구성원이 함께하는 시간을 더 많이 갖는 것이다. 예컨대 가족 간의 대화시간을 매일 규칙으로 가지는 것도 좋다. 저녁식사 후 잠자리에 들기 전 정해진 시간에 온 가족이 30분에서 한 시간 정도 모임을 가져 보라. 서로에게 하루 동안 어떤 일이 있었는지를 함께 나누고 부모님의 생각을 듣고 아이들의 원하는 계획을 함께 나누는 가족 대화는 놀라운 변화를 불러온다.

아무리 공부가 많아도, 아무리 일에 눌려 피곤하여도 꼭 실천해 보기 바란다. 각자 자기 방에 들어가 자신만의 세계에 빠져 살아온 날들이 어리석게 보일 것이다. 산만하고 주의력이 결핍된 아이들 대부분이 이러한 가족 간의 진지한 대화와 친밀한 교제 가운데 치유를 받는다.

우리는 사랑한다고, 늘 함께한다고 말을 하면서도 실질적으로 온전히 상대에게 집중하는 시간이 얼마나 될까? 몸만 같은 공간에 있는 것이 아니라, 마음과 시선과 청각이 그 사람을 향해 온전히 집중될 때 비로소 진정으로 함께 있는 것이다. 부모와 아이들이 가정에서 서로에게 온전히 친밀하게 집중하는 가운데 사랑을 배우고 모든 마음의 상처가 치유되는 계기를 갖게 된다.

우리 집은 사이버 중독에서 벗어나야 한다는 것을 깨달은 그때부터 매일 밤 모여 하루를 돌아보고 같이 기도하는 시간을 꼭 가졌다. 기도제목을 나누고 자신과 가족이 무엇을 생각하고 추구하는지를 나누는 가운데 예전에는 몰랐던 풍요로움이 더해졌다. 30분만 가지자던 시간이 1시간, 2시간이 훌쩍 넘어서도 정겨운 대화는 끊일 기미도 보이지 않았다.

성인의 경우, 혼자 힘으로 중독에서 벗어날 수 있는 유일한 방법은 철저한 자기 확인과 반성이다. 사이버 스페이스에 몰입되어 침몰하고 있는 자신의 모습을 직시하고 그 오류를 인정하는 자세를 가질 때 성인의 사이버 스페이스 중독은 실마리를 찾을 수 있다.

치유방법 2 - 중독 치유를 위한 근본적인 제안

● 가족 간의 대화는 모든 문제의 해결점이라 해도 과언이 아니다. 가족들이 함께 식사하는 시간을 많이 가지면 가질수록 자녀들은 더욱더 긍정적인 가치관을 갖게 되고 학업 성취도도 높아진다.

뇌 의학자 개리 스몰 박사가 자신의 책에서 하이테크 시대의 한 가정의 모습을 아주 잘 묘사해 놓은 부분이 있다. 그것은 이 책의 첫 부분에서 밝힌 우리 가정의 모습과 너무나 똑같았다. 한국인이든 미국인이든 사는 곳이 어디든지 하이테크 문명 가운데 사이버 세계에 중독된 가정의 모습은 너무나 판박이처럼 똑같다. 그가 설명한 가정의 모습은 대충 이렇다.

아이들은 학교에서 돌아오자마자 부리나케 자기들 방에 들어가 잘 나오지 않는다. 엄마는 저녁식사를 준비하면서 아이들에게 숙제부터 하라고 소리쳐 재촉하지만 아이들은 그저 건성으로 듣고 넘긴다. 남편은 퇴근하자마자 자신의 PDA를 노트북에 연결하고 또한 이메일을 체크한다. 회사 일을 집으로까지 가져온 것이다.

엄마가 식사가 준비되었다고 소리치지만 아무도 순순히 식탁에 오지 않는다. 아들은 방에서 컴퓨터 게임을 하면서 "1분만요"라고 말하고는 감감무소식이다. 딸은 친구와 같이 왔지만 방에 나란히 앉아 있기만 할 뿐, 휴대폰과 컴퓨터로 각자가 따로 메신저로 통신하느라 정신이 없다. 엄마가 강제로 다그쳐 데리고 나와야 겨우 마지못해 나온다. 식탁에서도 아이들은 정신이 딴 데로 가 있는지 엄마가 묻는 말에 단편적으로 툭툭 말을 받으며 먹는 둥 마는 둥 한다. 남편은 먼저 먹으라고 말해 놓고 식사가 끝날 때까지 또 일에 열중해 버린다. 그렇게 저녁식사는 흐지부지 각개전투마냥 끝나고 엄마는 식탁을 정리하고 영화 보기에 빠진다 ….

정도의 차이는 있겠지만 현재 자신의 가정에 이런 모습이 많이 비춰진다면 이미 사이버 세계에 중독된 것이다. 이 지경이 되면 게임을 하고 TV를 보고 인터넷을 돌아다니는 시간은 있어도, 가족과 대화를 나누거나 얼굴을 마주 보는 시간은 매우 적다. 가족끼리 모여 즐겁게 놀이를 하거나 서로의 하루를 돌아보는 시간도 없다. 식사 때의 대화도 메신저와 비슷하다. 일관된 주제나 감정 동화 없이 그저 중간중간 몇 마디 끼어들듯이 산만하다. 이것은 심각한 지경에 왔다는 징조다.[109]

얼굴을 맞대고 대화하라

그러므로 가족 간의 대화는 모든 문제의 해결점이라 해도 과언이 아니다. 가족들이 함께 식사하는 시간을 많이 가지면 가질수록 자녀들은 더욱더 긍정적인 가치관을 갖게 되고 학업 성취도도 높아진다. 가족 식사는 사회적 상호작용을 연습하는 장이며 사람과의 접촉과 커뮤니케이션을 담당하는 뇌기능뇌섬엽과 전두엽을 강화시킨다. 일상에서 겪는 대부분의 스트레스는 가족 식사 시간에 열린 마음으로 대화를 나눌 때 감소되고 감정은 순화된다. 전통적인 가족 식사의 중요성이 바로 여기에 있다.[110]

또한 가족이나 친구들과 이야기하는 시간이 많을수록 아이들의 기억력은 더 좋아진다. 사람들과 관계를 맺는 사회적 관계가 뇌의 인지능력을 향상시키는 것이다. 대인관계 기술과 공감능력 등은 조바심이나 분노, 소외 등과 같은 감정을 조절하는 힘을 키운다. 사회적인 경험이 뇌를 성숙시킨다는 '감성지능' 이론 역시 같은 연장선에 있다고 한다.

사이버 중독 치유를 위한 근본적이면서도 최선의 방법은 이처럼 대면적인 인간관계를 활성화하는 것이다. 그리고 그 첫 출발지는 당연히 가정이다. 가족 식사를 중심으로 가정에서 부모와 아이가 함께 공감하는 시간을 가지는 연습, 나아가 가족 간에 대화 시간을 더 많이 갖는 것, 이것이 바로 근본적인 사이버 중독 치유책이다.

가족들과 시간을 많이 가지기 위해 함께 여행을 가는 것도 하나의 대안이 될 수 있다. 그러나 이때 모든 사이버 스페이스 도구들, 즉 노트북, PDA, MP3, 전자사전, PMP, DVD 등을 내려놓고 가야만 한다. 아이들을 조용히 시키기 위해 혹은 지루함을 벗어버리려고 그것들 중 하나라도 가져가면 전혀 의미가 없어진다. 여가 시간 중에도 마찬가지다. 대화 시간, 대면적 접촉을 강화함으로서 의사소통과 감정교류, 사랑 교감, 신뢰성의 회복 등 사람과 사람이 함께 한다는 것에 중심을 두는 것이 중요하다.

대화법을 배우라

매일 저녁마다 온 가족이 함께 모이기가 힘들다면 최소한의 필요한 횟수를 정하는 것도 좋은 방법이다. 가정마다 다르겠지만 나는 최소 50%는 넘어야 한다고 본다. 즉 일주일 중에 3~4일은 가족끼리 저녁마다 얼굴을 보며 함께 나누어야 한다. 물론 가장 좋기는 하루라도 거르지 않는 것이지만 말이다. 그것이 저녁 식사건 혹은 밤참 시간이든지, 아니면 늦은 밤 가족기도 시간이라도 좋다.

모든 심리치료의 기본은 대화와 대면적인 접촉에 있다. 컴퓨터 중독증 아이, 우울증 주부, 일벌레 아빠, 왕따의 상처, 입시 스트레스나 취업 스트레스 등 모든 강박증과 조급함은 대부분 대면적 접촉을 통해서 풀어지고 치유된다.

그러기 위해서 다른 사람의 말을 듣고 공감하는 경청법, 타인을 배려하는 마음, 자신의 감정을 드러내는 기술, 솔직하게 의견을 교환하는 예의, 이 모든 사회적 의사소통은 우선적으로 가족들과 대화하는 가운데 배우고 익혀야 한다. 그리고 이것을 실현하기 위해서는 가정에서 엄마의 역할도 중요하지만 무엇보다 아빠의 결단과 솔선수범이 핵심이다.

치유방법3 - 중독된 이들을 위한 조언

진짜 삶은 현실에 있다

- 나는 이제 윈터뮤트가 아냐.

"그러면 무엇인가요?"

- 케이스, 나는 매트릭스라네.

케이스는 웃었다.

"그러면 그것은 당신을 어디로 데려갑니까?"

- 아무데도, 모든 곳으로. 나는 모든 것의 종합이고 완전체라네.

"상황은 어떤가요? 사물들은 변했나요? 당신은 지금 세계를 지배하나요? 당신은 신이 된 건가요?"

- 사물들은 변하지 않았어. 사물들은 사물들일 뿐이야.

"그러면 당신은 무엇을 합니까? 그저 그곳에 존재할 뿐인가요?"

- 나는 나와 같은 것들과 대화를 해.

"그러나 당신은 완전한 존재며 당신 자신과 얘기한다면서요?"

- 다른 것들도 있어. 나는 이미 하나를 찾았어.

위의 「뉴로맨서」에 나오는 윈터뮤트와 케이스의 대화를 살펴보면 한 가지 숨겨진 사실을 발견할 수 있다. 여기서 윈터뮤트는 스스로 자존하는 것처럼 보이지만 사실 그가 속한 한정된 스페이스, 즉 사이버 스페이스 안에서만 가능했다. 바로 여기에 중요한 사실이 하나 있다. 즉 우리는 사이버 스페이스에서 어디든지 갈 수 있지만, 정작 사이버 스페이스는 어떠한 곳으로도 우리를 직접 데리고 갈 수 없다는 사실이다.[111] 그곳에서 현실의 모든 것이 이미지화되고 정보와 데이터의 형태로 존재하지만, 우리는 현실로 나와야지만 비로소 그 모든 것의 실체를 만질 수 있다. 여기에 사이버 중독을 치유하는 지혜가 있다.

사이버 스페이스는 현실을 복사했을 뿐이다. 따라서 그것과 적당한 간격을 유지해야만 실체를 혼동하지 않는다. 사이버 스페이스에는 어쩌면 전능할 정도의 힘을 가진 자아自我와 그 세계의 룰을 가진 타자他者가 있기 때문에 중독의 힘이 강하다. 만약 우리가 케이스처럼 그곳에만 몰입하면 그곳을 지배하는 자, 윈터뮤트의 말을 따를 수밖에 없다. 따라서 그 세계에 갇히지 않고 그것과의 간격거리를 만드는 것은 그 세계에 중독되는 것을 피하는 첫 걸음이다. 그리고 그것은 오직 현실의 삶에 대한 긍정과 믿음의 회복이 있을 때만 가능하다.

현실을 복제한 그곳 사이버 스페이스에서 사람들은 꿈을 이루고자 노력한다. 현실의 상처와 소외감, 외로움을 위로받고 어려움을 보상받고자 한다. 하지만 그곳은 분명 현실의 상황과 다른 법칙이 존재하는 곳이다. 우리가 현실 세상과 가상 세계를 동등하게 여긴다면 이것은 필연적으로 대립과 갈등을 불러온다.

그러나 잊지 말라. 생명이 호흡하고 정신뿐 아니라 육신을 통해 인식하고 축적하는 진정한 자아는 현실 세계에만 존재한다. 쿠사나기의 고뇌처럼 어떤 대상을 자각하고 인식하는 매개체가 되는 몸body이 의식과 결합하여 존재할 때 비로소 진정한 자신의 생명이 존재할 수 있다. 그러므로 육체가 있는 여기 현실 세계에서 실현되는 것을 통해서만, 우리의 꿈은 진짜가 된다.

가상 세계와 현실의 조화

사이버 중독에 빠지지 않는 또 하나의 지혜는 그 세계 역시 자신과 다른 존재에 대한 인정과 배려가 절대적으로 필요하다는 것과 현실적 관계성을 참되게 실현하는 것이다.

케이스는 기계화되고 정보화된 사회에서 결코 인간적인 삶을 포기하지 않고 살아가는 자이온 사람들을 만나면서 마침내 인간 접촉의 중요성을 깨닫는다. 그렇다. 인간은 자신과 다른 사람들, 자신과 다른 외모와 가치관을 가진 사람들을 만나고 그들을 인정하고 접촉하며 배우는 가운데 자신이 누리는 삶의 중요성을 배운다.[112] 그 때 우리는 인간의 삶과 사랑에 대해 더욱 진지하게 생각하고 그것을 체득해 나간다.

다른 사람을 인정하고 있는 그대로 받아들이는 법을 황동규 시인은 사랑의 기술에 빗대어 이렇게 말한 적이 있다.

"사람을 있는 그대로 사랑하는 법을 배우는 데는 오랜 시간이 걸린다."

우리에게는 상대방을 자신과 비슷하게 만들고 싶은 욕구와 버릇이 뿌리박혀 있다. 그래서 그러한 노력을 흔히 사랑, 혹은 애정이라고 착각하고, 대상에 대한 애정의 도가 높을수록 그 착각의 도도 높아진다. 그리고 그 노력이 실패로 돌아갈 때면 "애정은 쏟았으나 상대방이 몰라 주었다"고 한탄한다. 그러나 동기야 어떻든 있는 그대로 사람을 사랑하는 법을 배우면 그 사랑은 다른 사람, 다른 사물에게로 확대된다.[113]

그렇다. 결국 사람을 있는 그대로 사랑한다는 말의 의미는 그 사람의 개성과 인격, 그리고 장점뿐 아니라 단점까지 있는 그대로 보듬어 안는 것이다. 필연적으로 이러한 일에는 자신과 타인에 대한 솔직함이 우선해야만 한다. 그리고 자신과 타인에 대한 사랑을 품는 것, 이것은 현실과 사이버 스페이스 두 곳에서 똑같이 이루어져야 한다.

그러면 사이버 스페이스에서 자신을 있는 그대로 드러내는 구체적인 방법에는 어떤 것이 있을까? 우리가 이해하고 실천하기 쉬운 가장 근본적인 방법 중의 하나는 인터넷 실명제다. 게임은 예외로 생각하더라도 모든 공적 커뮤니케이션과 사적 커뮤니티장에서 실명제는 서로를 바로 인식하고 신뢰를 쌓는 가장 밑바탕이 되는 예의다. 가면이 있는 곳에는 거짓과 불신이 싹트지만 오직 거짓이 없는 곳에 온전한 신뢰와 상호존중이 생길 수 있기 때문이다.

일부 사람들은 인터넷의 특성 중 하나가 익명성에 있다고 말한다. 그러나 결코 그렇지 않다. 앞서 반복해서 강조했지만 사이버 스페이스는 또 하나의 실존 세계다. 그러므로 익명성이 더 이상 간과되면 안 된다. 정당히 실명제로 서로의 의견을 주고받을 때, 사이버 스페이스와 현실은 분리되지 않는다. 현실의 나와 사이버 스페이스의 자아가 다른 존재가 아니며, 타인들 또한 익명의 타인이 아니라 현실의 이웃이 된다. 사이버 스페이스의 대화가 곧 현실의 대화가 되고, 사이버 스페이스에서의 친구가 실체를 만질 수 있는 현실의 친구가 되는 것이다.

이처럼 사이버 스페이스에서의 관계가 진실되려면, 그 기본 방법론으로 인터넷 실명제가 선행되어야만 한다. 자신과 다른 존재에 대한 올바른 인식과 인정이 사이버 스페이스 상에서 이루어질 때, 사람들은 동떨어진 중독된 세계에 있지 않고 실제적인 현실 세계의 연장선에서 만날 수 있을 것이다.

케이스와 윈터뮤트의 대화, 케이스와 자이온 사람들의 대화는 곧 나와 사이버 스페이스의 대화이고, 나와 사이버 스페이스 밖의 존재들과의 대화이기도 하다. 현실 속 사이버 스페이스는 이미 나의 삶 가운데 존재한다. 나는 이 세계를 부인할 수도 없고, 그렇다고 이 세계에 올인할 수는 더더욱 없다. 이제 그 세계를 인정하고, 그 세계와 대화를 나누며 새로운 삶의 방식을 배워 나가야 한다. 그 세계에 존재하는 모든 정보와 사물과 시스템을 인정하고 받아들일 준비를 하고, 그 속에서 만나는 사람들을 인정하는 방법을 배워야 한다. 나와 다른 점을 이해하고 그들의 독특함을 배우고, 그들과 대화하는 가운데 우리는 서로를 인정할 수 있다. 이것은 바로 새로운 관계성에 대한 정립을 의미한다.

지금 논란이 되는 많은 인터넷 상의 악플들과 익명성을 이용한 개인의 인권 침해는 모두 이 기본을 지키지 않아 발생한 것이다. 너무나 많은 사람들이 사이버 스페이스에서 상처받고 또한 상처를 주고 있다. 자신을 숨기고 드러내지 않고 무자비한 말과 근거 없는 비방과 루머로 서로를 무너뜨리고 있는 현실의 비극은 바로 사이버 스페이스에서 살아가는 법을 잘못 알고 있기 때문에 생긴 것이다.

치유방법 4 – 중독 치유를 위한 성경적 근거와 방법

너희는 거룩하라

"너희는 거룩하라 이는 나 여호와 너희 하나님이 거룩함이니라. 너희 각 사람은 부모를 경외하고 나의 안식일을 지키라 나는 너희의 하나님 여호와이니라. 너희는 헛된 것들에게로 향하지 말며 너희를 위하여 신상들을 부어 만들지 말라 나는 너희의 하나님 여호와이니라" 레 19: 2~4, 한글개역개정.

구약 성경의 레위기는 이스라엘 민족들이 살아가야 할 삶의 원칙에 대한 하나님의 가르침을 적어 놓은 책이다. 이 책을 관통하는 주제는 다름 아닌 레위기 19장의 첫 부분에 나오는 "너희는 거룩하라"라는 참으로 부담스러운 말씀에 있다. 하나님은 어떨지 모르지만, 욕심 많고 하루에도 수백 번 변하는 보잘것없는 인간으로 하여금 거룩해지라니, 이 얼마나 감당하기 힘든 심오한 말씀인가?

그러나 다음 구절을 읽으면 약간 어리둥절해진다. 거룩하라고 명령하시면서, 너희 각 사람은 부모를 경외하고 나의 안식일을 지키라고 말씀하신다. 이것은 우리가 거룩해지는 길이 어떤 거창한 도를 깨우치거나 성인과 같이 사리사욕을 다 버리고 자신의 목숨까지도 기꺼이 내어 줄 수 있는 높은 헌신의 수준에 이르는 것이 아니라, 각자가 자신의 부모를 공경하는 것과 하나님이 허락하신 안식일을 지키는 그런 수준이면 된다는 말이 아닌가. 만약 그렇다면 그렇게까지 부담스럽지는 않을 것 같다.

문맥의 뜻으로 보면 성경은, 자녀 된 자는 자신의 부모를 진심으로 마음과 뜻을 다해 따르고 부모 된 자는 자녀를 자애하는, 그러한 사람 됨의 기본이 거룩함이라 말씀하신다. 또한 마음과 정신을 분주히 세상에 빼앗기지 않고 온전히 창조주가 허락하신 쉼의 순간, 참된 안식의 시간을 누리는 자세를 가진다면 이 또한 거룩함이 된다.

그렇다. 거룩함은 수준 높은 자기 희생이나, 다른 사람은 감히 시도하지 못할 세속과 구별된 경건스러움에 있지 않다. 하나님이 원하시는 거룩이란 삶의 가장 작은 부분부터 실천하는 사랑과 헌신, 배려와 순종, 그리고 참된 안식의 조화에 있다. 그 다음 구절에서 이 뜻은 더욱 명확해진다.

"너희는 헛된 것들에게로 향하지 말며 너희를 위하여 신상들을 부어 만들지 말라"레 19:4.

헛된 것들이란 영어로는 아이돌Idol, 즉 자신만의 숭배요 자신만을 위한 숭배의 대상을 의미한다. 사람들이 삶의 중심을 잃고 과도하게 헛된 것에 치우치는 것, 그것이 곧 우상숭배다.

만약 다음과 같은 행동을 보이고 있다면 주의하라! "게임에 빠져 가족들과의 시간을 아까워하거나 부모의 말을 듣지 않는다. 채팅에 몰입하여 자기 주위의 사람들과 대면적 교제는 왠지 시시하기만 하다. 블로깅과 소셜 네트워크에서 나타난 자신의 모습 속에 현실의 어려움은 숨겨진다. 친구들과 모여 있어도 MP3와 스마트폰과 노트북의 공간에 서로의 시선은 따로 논다. 몸은 같이 있으나 서로의 진심은 멀리 날아가고 껍데기만 모여 있다." 이러한 행동들은 긴장해야 할 중독의 현상이며, 곧 우상숭배인 동시에 자신만의 공간과 시간으로 스스로를 격리시키는 것이다.

사이버 중독이란 결국 일종의 병적 집착인 동시에 스스로를 허상에 몰입하는 잃어버린 시간이다. 현실의 일상과 삶의 관계를 끊게 만드는 중독된 상태는 인생의 진지함, 그리고 삶의 진정성에서 결국 개인을 유리시킨다.

하나님이 원하시는 거룩함

인생의 거룩함이란 삶의 순간순간에 대한 최선의 자세에서 비롯된다. 하찮게 여기지 말자. 교과서적인 말 같지만 결코 변하지 않는 진실이 있다. 그것은 바로 오늘 나의 삶은 결국 내가 무엇인가에 열중하며 보낸 시간과 장소, 그리고 만남에서 비롯된다. 즉 한 달 간의 나의 인생이란, 이러한 오늘이 30일간 모여 만들어지는 것이다. 그 달이 모여 12개월이 될 때 1년이 되고, 그 12개월이 10번 반복하면 지난 10년 간의 나의 살아온 인생이 된다.

> "그러므로 여러분은 마음을 가다듬고 자신을 잘 지키십시오. 예수 그리스도께서 다시 오실 그 날에 여러분이 받게 될 은혜의 선물에 모든 소망을 두시기 바랍니다. 전에는 몰라서 하고 싶은 대로 악한 일을 저질렀지만, 이제는 하나님께 순종하는 자녀로서 예전처럼 살아서는 안 되는 것입니다. 여러분을 불러 주신 하나님께서 거룩하신 것처럼 여러분도 모든 행동에 거룩한 사람이 되십시오. 성경에도 '내가 거룩하니 너희도 거룩하도록 하여라' 하고 말씀하셨습니다" 벧전 1:13~16, 쉬운성경.

하나님이 원하시는 거룩함이란 멀리 있는 높고 높은 이상이나 도덕률에 있지 않다. 그것은 오늘 내가 행하는 성실과 진심에 있다. 부모의 말을 경청하고 자녀와 같이 소통하고 공감하는 삶 가운데, 아내와 남편이 서로를 이해하고 섬기는 자세 속에, 고생스럽지만 열심히 일하고 땀 흘리는 현장 위에, 쑥스러움을 무릅쓰고 먼저 미안하다 말하고, 먼저 다가가 사랑하고 용서하는 모든 인간관계 속에 인생의 거룩함이 자란다. 이러한 거룩함을 위해 오늘도 자신의 마음을 가다듬고 스스로를 조심스럽게 돌아보며 지켜 나갈 때, 사이버 중독이라는 왜곡된 삶의 모습은 어렵지 않게 치유될 것이다.

그리고 이렇게 작은 노력과 삶의 진지함 속에서 피어나는 인생의 거룩함을 보고 하나님은 기뻐하실 것이다. 그분이 바로 이 인생을 위해 이 땅에 오셨기 때문이다.

목마르지 않는 인생

AD 28년의 이스라엘 땅, 사마리아 지역 가운데 수가라는 동네에 한 여인이 살고 있었다. 그 해 5월 초순 남쪽 사막의 열풍이 뜨겁게 불던 어느 날, 그녀는 여느 때와 마찬가지로 동네 여자들을 피해서 태양이 뜨거운 한낮의 시간에 우물가로 나왔다. 그녀는 사람들과 마주치는 것도 싫었고, 자신을 보고 수근거리는 동네 여자들의 모습을 보는 것도 싫었기 때문에 늘 사람들을 피해 외톨이로 다녔다.

그녀가 지금 함께 사는 남자는 그녀의 남편이 아니었다. 그 남자 이전에 이미 다섯 명의 남편이 있었다. 왜 그런 기구한 삶을 사는지, 어떤 사정이 있었는지보다 지금 그녀의 인생 형편과 삶의 모습이 사람들의 입방아에 오르내리고 있었다. 그래서 그녀는 사람들을 피해 다녔고 늘 한낮 정오에 그들의 조상 야곱이 판 우물에 홀로 물을 길으러 갔다.

그러던 어느 날 당연히 아무도 없을 것이라 생각한 그 시간에 그녀는 우물가에 앉아 있는 한 유대인 남자를 만난다. 사마리아인을 경시하는 유대인들은 늘 이 지역을 우회하여 가는데 이 유대인은 왜 이곳에 왔으며 또 왜 혼자 우물가에 앉아 있을까? 여인은 속으로 생각하며 잠시 머뭇거렸다. 나중에 다시 올까? 그러나 지나가는 나그네가 그녀를 알 턱이 없을 것이기에 그녀는 애써 신경을 쓰지 않으며 우물가로 가서 이고 온 병을 줄에 매달아 우물로 던졌다.

"물을 좀 주시오."

여인은 깜짝 놀랐다. 아니, 이 사람이 나에게 말을 걸다니. 그것도 유대인 남자가 사마리아 여인에게? 여인은 퉁명스럽게 대답했다.

"당신은 유대인으로서 어찌하여 사마리아 여자인 나에게 물을 달라 하십니까?"

말 속에는 경계심과 민족 감정이 섞여 싸늘함이 묻어 있었다. 그 유대인 남자, 예수는 조용히 대답했다.

"당신이 만일 하나님의 선물과 또 당신에게 물 좀 달라 하는 이가 누구인 줄 알았더면 당신이 그에게 구하였을 것이요, 그가 생수를 당신에게 주었을 것입니다."

여인은 예수가 하는 말의 뜻을 금방 이해하지 못했다.

"선생이여, 물 길을 그릇도 없고 이 우물은 깊은데 어디서 이 생수를 얻겠습니까? 우리 조상 야곱이 이 우물을 우리에게 주었고 또 여기서 자기와 자기 아들들과 짐승이 다 먹었으니 당신이 야곱보다 더 큽니까?"

범상치 않은 예수의 말에 그녀의 어투는 어느덧 바뀌어 있었다.

"여인이여, 이 물을 먹는 자마다 다시 목마르겠지만 내가 주는 물을 먹는 자는 영원히 목마르지 아니하리니 나의 주는 물은 그 속에서 영생하도록 솟아나는 샘물이 될 것이요."

예수의 말을 들은 여인은 한동안 생각에 잠겼다. 무슨 지혜의 말 같은데 그 깊은 의미가 선뜻 잡히지 않았다.

"선생이시여, 이런 물을 내게 주사 목마르지도 않고 또 여기 물 길러 오지도 않게 하옵소서."

여인은 그가 말하는 비유와 상징을 잘 이해할 수 없었지만 마음속에는 이미 이 낯선 유대인 선생이 주려는 것에 대한 절실한 갈망이 갑자기 요동쳤다. 영원히 목마르지 않는다니! 그녀는 그것에 대한 갈구로 진실하게 예수에게 물었다. 그러나 그의 다음 말을 듣는 순간 그녀는 깜짝 놀라고 말았다.

"가서 네 남편을 불러오라."

예수는 돌연 여인에게 말했다. 여인은 정말 놀랐다. 물과는 아무 관계 없는 뜻밖의 말일 뿐만 아니라 그것은 또한 그녀의 가장 아픈 곳이기 때문이었다. 그녀는 감히 눈도 마주치지 못하고 얼굴을 붉혔다. 그리고 한참 만에 겨우 말했다.

"나는 남편이 없나이다."

"네가 남편이 없다 하는 말이 옳다. 네가 남편 다섯이 있었으나 지금 있는 자는 네 남편이 아니니 네 말이 진실되다."

여인은 너무나 당황하고 말았다. 두렵기도 했다. 도대체 이 사람은 누구일까? 자신의 메마른 인간관계와 그로 인한 갈증을 정확히 지적하는 이 사람은 누구인가? 여인은 비로소 그가 선지자인줄 깨닫는다.

성경에 나오는 이 일화는 삶의 상처와 고단함에 지친 한 여인이 예수를 만나 참된 자신의 정체성과 자존감을 찾는 과정을 보여준다. "나는 남편이 없나이다." 이것은 여인으로서는 정말 하기 힘든 말이며 놀라운 자기 시인이기도 했다. 남편을 불러오라는 예수의 말에 그녀는 변명을 하거나 회피하지 않는다. 여태까지 사람들을 피하고 그들의 수군거림이 싫어 자신의 인생을 숨기던 여인은 그 순간 놀랍게도 자신을 거짓 없이 드러냈다.

그렇다. 우리에게 주어지는 은총이란 바로 이 여인처럼 단 한 가지 조건만 갖추면 마치 바람처럼 자유롭게 부어진다. 그것은 바로 거짓 없는 자기 인식이다. 현실 속의 자신의 부족한 부분을 깨닫고 솔직히 시인하며 그 부족함에 대해 보다 좋은 것을 절실히 갈망하는 순간 은총은 우리에게 바람처럼, 어디서 오는지 어떻게 부는지 모르게 주어진다.[114]

남편이 다섯이나 있었고 죽었든 헤어졌든, 또 지금은 남편 아닌 외간 남자와 살던 이 수가성 여인처럼 우리는 끊임없이 스스로의 약점을 반복하고, 변명하며 회피한다. 자기 자신을 올바로 세우지 못한 채 자신의 욕망과 부족함을 바깥 환경 혹은 타인의 힘을 빌려 만족하려 한다. 돈과 물질, 성性적 탐닉과 타락, 게임 중독과 같은 지나친 오락에의 탐닉, TV같은 매체 중독을 통해 자신의 공허함과 목마름을 잊으려 하고 또한 충족하고자 한다.

지금 있는 그대로의 모습으로 자신을 돌아보고 자신의 환경을 사랑하지 못하는 어리석음이 우리를 극단으로 몬다. 그래서 자신의 가치를 비하하는 자존감의 결여는 타인의 눈을 피해 한낮의 태양 아래 물을 길러 온 여인처럼 스스로를 한없이 소외되게 만든다. 상처받은 자존감 때문에 외로워하고 자신만의 세계에 빠져 들면 쉽게 허망한 대상에 중독되기 쉬운 것이다.

사이버 중독에서 벗어나는 방법에 대해 앞서 많은 이야기를 했지만 자기 자신의 가치를 올바로 세우는 것, 자신의 내면으로부터 솟아나는 생수의 강에 자신의 자존감을 확립하는 것, 세상에 휘둘리지 않는 영원한 가치에 자신의 존재가치를 정립하는 것은 그 어떤 방법보다 중요한 궁극적인 방법이다. 아니, 이것만이 사이버 중독뿐 아니라 세상에 만연한 모든 허망한 중독에서 치유되는 유일한 방법이 된다. 우리의 인생에 목마르지 않는 샘이 늘 있어 진정한 자존감이 확립될 때, 모든 자괴감과 도피와 중독은 치유될 수 있다.

check!

사이버 중독에 걸린 자녀의 치료를 위한 6단계 과정 – AA12단계를 응용

AA12단계라는 중독치유 프로그램이 있다. 이것은 익명의 알코올 중독자들Alcoholics Anonymous이라고 불리는 국제적인 활동조직의 첫 글자를 따서 명명한 것으로써, 1935년 미국 오하이오주 애크론시에서 시작하여 지금은 전 세계로 퍼져 널리 쓰이는 알코올 중독 전문 치유 프로그램을 일컫는 용어다. 알코올 중독은 다른 어떤 중독들보다 역사가 오래 된, 어쩌면 인류가 술을 처음 마시면서부터 있던 병적인 증세라 볼 수 있다.

이 알코올 중독을 치료하기 위해 널리 쓰이는 AA12단계 프로그램은 현재 알코올 중독뿐만 아니라 여러 중독 증세에 다양하게 적용되어 성과를 내고 있다. 앞에서 사이버 중독을 치유하기 위한 구체적인 실천방법을 크게 4가지 카테고리로 나누어 제안했고, 또한 말미에 궁극적이며 근본적인 내면의 치유방법을 소개했다. 여기서는 현재 알코올 중독, 도박 중독, 섹스 중독, 마약 중독 등과 같은 분야에 널리 응용되고 있는 AA12단계를 사이버 중독 치유에 적용하여 6단계로 만들어 보았다. 8장 본문 내용이 구체적 실천방법이라면 이 6단계는 근본적인 치유를 위한 방향 제시라 볼 수 있다. 이해를 쉽게 하기 위해 사이버 중독에 걸린 자녀들을 위한 모델로 다음과 같은 예를 제시한다.

1단계_ 사이버 중독 시인 = 현실 인식(AA 1, 5단계)

중독에 치유되기 위해서는 먼저 자기 자신이 사이버 중독임을 본인의 입으로 시인할 수 있어야 한다. 인터넷과 사이버 문화가 발달한 21세기 한국 사회에서, 또래 아이들과 비교되는 현실에서 이것은 의외로 쉽지 않을 것이다. 어른이나 아이나 사이버 중독에 대한 판단은 본인보다 주변 사람에 의해 먼저 진단되는 경우가 많지만 그에 따른 솔직한 자기 진단이 필요하다. 부모가 판단하기에 자녀가 사이버 중독 수준이라면 진지한 대화와 현실 파악으로 이 1단계를 실천하는 첫 걸음이 제일 중요하다.

2단계_ 사이버 중독에 따른 폐해 파악 = 현실 파악(AA 4, 6, 7단계)

자녀들이 사이버 세계에 빠져 살아왔기 때문에 잃어버린 많은 것들을 일깨워 줘야 한다. 예를 들면 이렇다.

1. 컴퓨터와 인터넷을 즐긴다고 친구들과 어울리지 못하고 혼자 지낸다.
2. 운동 부족으로 인해 건강이 나빠졌다.
3. 모니터를 너무 오래 봐서 눈이 나빠졌다.
4. 공부와 숙제할 시간이 없어 늘 쫓긴다.
5. 늦게까지 게임해서 학교에서 졸기 일쑤다.
6. 야동같은 나쁜 동영상를 보았다.
7. 게임을 하느라고 온통 귀중한 시간을 빼앗겼다.
8. 컴퓨터를 많이 한다고 늘 부모님께 야단맞는다.

이와 같은 개인적인 손실을 대화로 차분히 일깨워 주어 자녀 스스로 손익을 따져보게 만든다.

3단계_ 사이버 중독 치유를 향한 믿음 = 방법론 수립(AA 2, 3단계)

사이버 중독 치유를 위해서는 흔들리지 않는 신념, 즉 신뢰와 믿음이 필요하다. 이 단계는 그러면 어떤 방법으로 자신의 사이버 중독을 고쳐나갈 것인지 구체적인 계획을 세우는 단계다.

1. 하루에 컴퓨터와 인터넷은 1시간만 쓴다.
2. 공부와 숙제를 다 끝낸 후에만 게임을 한다. 다 끝내지 못하면 절대로 컴퓨터 앞에 앉지 않는다.
3. PC방에는 일주일 중 단 하루만 간다.
4. 운동은 하루라도 빠지지 않는다.
5. 하루에 1시간은 꼭 독서를 한다.
6. 부모님과 매일 30분에서 1시간 이상 마주 앉아 하루 중 있었던 일들을 이야기한다.
7. 식사 시간에는 온 가족이 꼭 함께 모인다. - TV는 절대 금지

4단계_ 사이버 중독 치유에 따른 보상 = 치유에 따른 회복과 보상(AA 8, 9단계)

지금까지 사이버 중독 때문에 고통 혹은 피해를 받은 자기 자신과 가족, 그리고 주위 사람들에게 사이버 중독 치유로 얻게 될 보상 혹은 그 장점을 구체적으로 예상하고 기록하게 만든다.

1. 학교 성적이 오를 것이다.
2. 운동을 더 많이 하고 건강하게 될 것이다.
3. 아빠, 엄마가 굉장히 기뻐하실 것이다.
4. 친구들과 더 깊이 사귀게 될 것이다.
5. 취미활동을 즐겨 음악, 예능 실력이 향상될 것이다. 혹은 그 분야의 전문가가 될 가능성이 커진다.

5단계_ 사이버 중독 치유 점검 = 치유에 대한 지속적인 점검(AA 10단계)

일회성이나 단기간에 의한 치유로 다시 중독에 빠져들 것이 아니라 자신의 생활이 변화된 부분을 일일이 점검함으로써 완전히 달라진 생활태도를 유지한다. 예를 들면 이렇다

1. 1개월, 3개월, 6개월마다 생활태도를 점검하는 날을 갖는다.
2. 실천항목에 대한 점검표를 계속 기입해 가고 있는가?
3. 부모님의 감시와 통제가 없어도 스스로 잘하고 있는가?
4. 친구나 다른 사람의 말에 현혹되어 실천사항을 어긴 적은 없는가?

6단계_ 사이버 중독 치유 결과로 올바른 삶의 방식을 승화시켜 나간다 = 치유 전파(AA 11, 12단계)

자녀 자신이 중독에서 벗어나 변화된 자신의 모습과 획득한 가치를 자랑스럽게 여기게 한다. 학업성적이 오른 것, 몸이 건강하게 된 것, 운동이나 음악, 특기 실력이 향상된 것, 취미활동으로 생활이 풍성해진 것 등 그 모든 이익을 가족이나 친구와 나누게 함으로써 스스로 긍지를 느끼게 만든다. 나아가 사이버 중독에 빠진 친구들을 변화시키는 데 도움을 주는 단계이다.

알코올 중독은 고통받는 개인뿐만 아니라 자신의 가족과 그가 속한 사회에까지 치명적인 폐해를 일으키기 때문에, 알콜 중독 치유를 위한 AA12단계는 마치 층계를 하나씩 밟고 올라가듯 각 단계마다 보다 엄격한 자기 점검을 필요로 한다. 그리고 각각의 단계는 다음 단계에서의 실천을 위한 준비단계로 보다 철저한 이행을 요구한다. 사이버 중독 치유를 위한 이 6단계 역시 그와 같

은 철저한 이행이 필요하다.

네트워크 시대의 신종 중독인 사이버 중독은 알코올, 마약, 성, 도박과 같은 물질세계의 중독과는 또 다른 성격을 지녔지만 그에 못지않게 개인적 · 사회적 폐해가 크기 때문이다. 부디 AA12단계를 응용하여 만든 이 6단계가 각 가정과 자녀 혹은 개인의 사정에 맞게 보다 실천적으로 적용하는 길잡이가 되기를 소망해 본다.

IT 전문가 가족의 **사이버 중독 탈출기**

9장

모든 것은 나로부터 시작된다

치유를 경험하라

아버지를 만나다

요즘 기타를 새로 연주하기 시작했다. 학원에 가거나 개인교습을 할 여건이 되지 않아 혼자서 독학 중이다. 나도 유행에 민감한 사람인가 보다. 핑거스타일 연주를 인터넷에서 보고 필~ 받았으니 말이다. 그래서 기타를 다시 치기 시작했다.

우선 컴퓨터에 기타프로라는 프로그램부터 설치했다. 그리고 유튜브로 들어가 기타 고수들이 올린 동영상들을 다운로드했다. 가급적 왼손의 운지법들이 잘 보이는 것들로 골라 모았다. 몇몇 동호회에 들어가서 악보들도 모았다. 그런데 역시 마음만큼 몸이 따라 주지는 않는다. 당장이라도 영상 속의 사람들처럼 치고 싶은데 손가락이 잘 안 따라 준다.

'뭐하고 살았누? 기타 만져 본 때가 언젠데 … 지금까지 뭐

했누?'

혼자 악악대다가 답답한 마음에 시내로 나갔다. Future Shop과 Staples의 소프트웨어 코너를 뒤졌다. 별의별 교습용 소프트웨어가 다 있었다.

Play Electronic Guitar, 흠 얼마일까? 헉~! 45달러다 ….

뭔데 이렇게 비싸지? 록 기타부터 블루스 기초까지 가르친다. Song Builder라는 악보를 편집하는 기능도 있다. 그래, 지른다 까짓거. 과감히 카드를 긋고 나왔다. 내친 김에 L&M 악기점에도 들렀다. 역시 기대를 저버리지 않고 강습용 DVD들이 즐비했다. Fret Board Roadmap이라는 DVD는 기타 플랫보드 위로 자동차 운전대를 그려 놨다. 뭔가 엄청난 비법이 담겨 있는 듯했다. 또 질렀다.

집에 오자마자 프로그램을 설치하고 기타를 끌어안고 고군분투하는 생활에 들어갔다. 아내가 기타만 끼고 산다고 난리다. 아마도 내가 기타만 끼고 있는 게 아니라 컴퓨터도 끼고 살기에 아내의 불평이 더 커졌음에 틀림없다.

온갖 프로그램으로 무장하고 연습하니 정말 기타 독학도 할 만 했다. 인터넷에 수많은 고수들이 있어 언제든지 그들의 조언을 구할 수 있으니 늦게 배우는 것도 즐거운 일이다. 학이시습지學而時習之면 불역열호不亦說乎라~ 공자의 말이 구구절절 마음에 와 닿고 있다. 이제 먼 데 있는 친구가 와서 같이 놀아 주기만 한다면 진정한 낙이 될 것 같다. 공자도 백수 생활을 꽤 즐긴 것이 분명하다. 중학생 시절 한자 시간에 '학이시습지 불역열호' 배우고 때때로 익히면 또한 기쁘지 아니한가?라고 외우면서도 공자의 말을 순전히 거짓말로만 여겼는데 이제 그 마음이 느껴진다.

쳇 애킨스에 감동받다

그렇게 연습에 몰두하던 어느 날 우연히 발견한 동영상에 진한 감동을 받은 일이 있었다. 쳇 애킨스Chet Atkins라는 기타리스트가 나오는 영상이었다. 유튜브에 그의 이름을 검색하면 몇 개의 동영상이 뜬다. 그 중에 I still can't say goodbye라는 곡이 나오는 동영상이 나의 가슴을 진하게 두드렸다.

쳇 애킨스는 2001년에 세상을 떠난 유명한 기타리스트이자 가수다. 영상 속의 그는 목에 주름이 가득하고 하얀 중절모에 멜빵바지를 입은 노년의 모습이었다. 자신의 아버지를 그리워하며 부르는 그 노래는 지극히 평범한 듯 들렸지만 너무나 편안하고 또한 부드러웠다.

그런데 그 노래를 들으며 그만 울고 말았다. 나뿐만 아니라 동영상 속에서 노래를 듣던 청중 역시 첫 소절이 끝나갈 즈음 조금씩 눈시울을 적시더니 노래가 끝날 무렵에는 모두 굵은 눈물을 뚝뚝 흘리고 있었다. 거기에는 남녀노소 구분이 없었다. 왜 울었을까? 무척이나 담담히 부르는 그의 노래는 꾸밈이 전혀 없었으며 애써 사람의 마음을 잡으려는 시도도 없었다. 그러나 사람들은 울고 말았다. 나는 그 이유가 오직 하나, 아버지에 대한 추억과 유년 시절의 그리움 때문이었다고 생각한다. 그 기억이 아름답든 그렇지 않든 혹은 무덤덤하든 중요하지 않았다. 다만 노래를 듣던 사람 모두가 가사 내용에 자신을 대입시키고 있었으며 자신들의 아버지를 생각하며 울고 있었다.

적어도 나의 경우는 그랬다. 그래서 울었다. 노래를 들은 뒤 그에 관한 이야기를 인터넷에서 찾아보았다. 놀랍게도 그는 아주 유명한 사람이었다 이 말은 내가 무식한 기타리스트라는 뜻도 된다. 외국인이라서, 또 내가 기타의 왕 초보자라 잘 몰랐을 뿐이었다. 어느 블로그에 의하면 십대 때 병든 아버지의 침상에서 기타를 치면서 노래를 불렀을 정도로 아버지에 대한 사랑이 애틋했다고 한다. 효자인 것이다. 그의 아버지는 무척 자애로운 분이셨음이 틀림없다. 그렇기에 나이가 그리 들었어도 어렸을 적 아버지 모습을 추억한 것이리라.

그러나 나의 아버지에 대한 기억은 솔직히 그와는 전혀 딴판이다. 나의 아버지는 노래 가사에 나오는 것처럼 모자를 쓰신 적도 없었고 나와 같이 놀자고 말한 적은 일평생 한 번도 없었다. 솔직히 내가 자라던 시대는 그랬다. 내가 어릴 적 한국 문화는 유교적이며 가부장적인 분위기가 지금보다 더 심했다. 무엇보다 6.25 전쟁을 겪은 나의 아버지 세대는 아이들과 놀기에는 삶에 너무 여유가 없었다. 그리고 결정적으로, 나의 아버지는 가정적인 분이 전혀 아니었다.

그럼에도 불구하고 나는 노래를 들으며 울었다. 그의 노래를 들으며 자식들과 소통하는 데 서툴렀고 어쩌면 소통을 시도조차 하지 않으셨던 돌아가신 아버지가 생각났고, 동시에 나 자신과 우리 아이들이 생각났기 때문이다. 주된 원인은 아들의 모습에 그 어린 시절 나의 모습이 투영되었기 때문인 것 같다. 아버지가 된 나의 현재와 아들의 모습에서, 돌아가신 아버지와 지금의 나, 그리고 나의 유년의 기억이 겹쳐 생각났다. 그 노래가 들리는 몇 분 동안 어렸을 적 기억이 흑백필름처럼 머리 저편에서 돌아갔다. 그리고 잊혀진 상처와 아픔과 회환이 현재의 삶과 겹쳐졌다. 아마도 그의 노래를 듣는 청중들 모두 나와 비슷한 마음이었을 것이다.

그는 노래를 부르기 전에 이런 멘트를 하였다.

"나는 거울을 볼 때마다 나의 아버지를 봅니다. 그래서 이 노래가 나에게는 너무 소중한 의미로 느껴집니다 …."

그렇다. 늦은 저녁 시간 나는 가끔 목욕탕 안에서 거울에 비친 나 자신의 모습을 본다. 거기서 생활에 지친 나의 모습을 보고, 남편이자 아비인 나 자신을 본다. 또한 거기에 나의 부모님의 얼굴이 겹쳐 보인다. 그리고 나의 청년 시절과 어린 시절을 회상하게 된다.

쳇 애킨스도 거울을 볼 때마다 그의 아버지를 보았던 것이다. 나보다 훨씬 인생의 대선배인 그의 눈에는 미국의 경제 대공황을 전후한 아버지의 고단한 삶이 보였고, 삶에 진지했던 한 남자의 모습을 보았을 것이다. 그래서 그는 사랑하는 아버지를 그리며 이제 나이 들어 노인이 된 자신의 모습에서, 여전히 그의 아버지를 더욱더 투영하는 것 같았다.

노래 가사 내용은 이렇다.

When I was young, my Dad would say,

Come on Son, let's go out and play

Sometimes it seems like yesterday

And I'd climb up the closet shelf when I was all by my-self

Grab his hat and fix the brim, pretending I was him

No matter how hard I try

No matter how many tears I cry

No matter how many years go by

I still can't say good-bye

He always took care of Mom and me.

We all cut down a Christmas tree

He always had some time for me

Wind blows through the trees

Street lights, they still shine bright

Moon still looks the same

but I miss my Dad to-night

I walked by a Salvation Army store,

Saw a hat like my daddy wore

Tried it on when I walked in,

Still trying to be like him

No matter how hard I try

No matter how many years go by

No matter how many tears I cry

I still can't say good-bye

내가 어릴 적에 아버지는 이렇게 말하곤 했습니다.

"아들아, 나가서 놀자꾸나."

가끔 그때가 마치 어제처럼 느껴집니다.

그때 난 서랍장을 디디고 올라서서는

아버지의 모자를 쓰고 챙을 다듬으며 마치 아빠처럼 행동하곤 했지요.

아무리 노력해도

아무리 울어 봐도

아무리 오랜 세월이 흘러도

나는 아직도 안녕이라고 말을 못하겠습니다.

아버지는 언제나 어머니와 나를 돌보셨죠.

우리는 크리스마스트리를 같이 자르곤 했습니다.

아버지는 언제나 나를 위해서 시간을 비워 두셨죠.

나무에 바람이 깃들어도

가로등이 아직도 빛나도

달은 여전히 그대로인데

그러나 오늘밤 나는 아버지가 그립습니다.

나는 구세군 상점 앞을 지나다

아버지가 쓰셨던 모자를 발견했지요.

상점에 들어가 그것을 한 번 써보고는,

아버지처럼 포즈를 취했죠.

아무리 노력해도

아무리 세월이 지나가도

아무리 눈물이 쌓여도

난 아직도 안녕이라고 말을 못하겠습니다.

–I Still Can't Say Goodbye Chet Atkins, Live 1987

아버지와의 추억

돌아가신 나의 아버지는 솔직히 한량이셨다. 그랬기에 필연적으로 집안의 모든 일과 살림은 오로지 어머니 혼자의 몫이었다. 그래서 나에게는 아버지에 대한 추억이 그리 많지 않다. 그 보상 심리로 나는 아이들에게 좋은 아버지가 되려고 무척 노력 중이지만, 노래 가사에서처럼 아이들에게 같이 나가 놀자고 말하거나, 놀이를 하며 보낸 시간은 아주 적다. 생활에 쫓기고 욕심에 휘둘리고 삶의 고단함에 지쳐 그렇게 하지 못한 것이다.

어떤 때는 아이들에게 인내하지 못하고 자주 화를 낸다. 또는 윽박지르며 아이들의 이른 성숙을 무리하게 요구하기도 한다. 한량이셨던 아버지를 둔 탓에 솔직히 난 아버지의 모범을 잘 배우지 못했다. 롤모델role model의 부재는 확실히 현재의 자신을 빈약하게 만든다.

풍성한 가정환경 아래 자란 사람도 있겠지만, 대부분의 사람들은 안정된 가정환경 아래서 자라지 못한다. 많은 사람들이 영화에 나오는 모범적인 아버지 혹은 쳇 애킨스처럼 가정적인 아버지를 가진 적도 없고, 나 또한 이상적인 아버지 혹은 어머니의 모습에서 멀다. 부끄럽게도 이것이 대부분의 현실 모습이라고 생각한다. 어느 가정이나 저마다의 아픔과 어려움이 있다. 그래도 가족은 늘 소중하고 아버지는 가장 크게 기댈 수 있는 존재임에 틀림이 없다. 그래서 우리는 아버지라는 이름을 소중히 여긴다.

비록 나의 아버지는 한량이셨지만, 선친을 생각할 때마다 분명히 떠오르는 기억 하나가 나의 마음에 한 가닥 훈훈함을 준다. 초등학교 시절 어느 날 밤이었다. 난 그 당시 유행하던 만화영화가 너무나 보고 싶었다. 그래서 막내라는 이점을 이용해 부모님께

떼를 썼다. 다음 날 다른 가족영화를 같이 보자던 형님들과 누님들의 반대를 무릅쓰고 난 부득부득 그날 밤 당장 영화가 보고 싶다고 우겼다. 그리고 어머니의 결정적인 지원으로 아버지와 단 둘이 그 밤에 영화를 보러 갈 수 있었다. 형님들과 누님들도 영화를 보러 가고 싶었기에 시시한 만화영화보다 일반 가족영화를 같이 보자고 했던 것 같다. 그러나 난 그때 양보를 할 정도로 철이 들지도 않았고 생각이 깊지도 못했다. 무엇보다도 정말 태권 로봇이 나오는 그 만화영화가 너무나 보고 싶었다.

그날 밤 본 만화영화가 처음이자 마지막으로 아버지와 단 둘이 본 영화다. 형님들과 누님들은 그 기회를 놓친 후 한 번도 아버지와 같이 영화를 본 적이 없다. 그러나 그 극장에서, 무척이나 지루한 어린이 만화영화를 나를 위해 끝까지 같이 보아 주셨던 아버지 모습이 나의 기억 한 편에 남아 있다. 그때 나의 손을 잡고 극장 문을 나선 아버지의 손 감촉이 있기에, 선친에 대한 훈훈함이 가슴 속에 한 자락 남아 있는 것이다.

비록 그 후 많은 대화를 나누지도 못했고 원망과 걱정으로 지냈지만, 나에게는 그때 극장 문을 나서며 나의 작은 손을 잡아 주시던 아버지의 감촉이 남아 있어 덜 외로웠다.

우리 모두에게 아버지의 존재는 가장 큰 의미다. 애증이 남아 있든 아니든, 혹은 기억조차 없더라도 아버지는 모두에게 근원이 되는 존재며, 아버지라는 이름은 나의 존재의 시발점이 된다. 그래서 첫 애킨스가 그리는 아버지는 곧 나의 아버지가 되고 또한 곧

… 나 자신이 된다.

아들과 채팅하다

"뛰링~"

- 유빈 님이 로그온하셨습니다.

음~ 큰 녀석이 들어왔구먼 ….

"아빠?"

"옹냐~"

"사이트 하나 가입하려는데요. … 한국 주소 뭐로 해야 되죵?"

"어떤 사이트?"

"그냥 있어요. 나중에 알려 드릴께요."

"팍~"

"으윽~"

"내려와서 보여 줘."

…

…

"유빈?"

"유~빈???"

"유!!!!!!!!!!빈"

"가여~"

이내 아들이 내려오는 소리가 들렸다. 집 무너진다고 아무리 말해도 소용이 없다. 녀석의 쿵쾅거리는 발자국에 언제 계단이 부서질지 …. 정말 노이로제에 걸릴 지경이다.

녀석이 가입하려는 곳은 친구가 다니는 어느 대안학교 홈페이지였다.

"여자 친구??"

아니란다.

"그래, 그렇겠지~ 정현이냐?"

"아~ 정말 …."

큰 놈이 올라간 후 나는 둘째 녀석의 싸이 홈페이지에 들어가 봤다. 헉~ 이게 뭐꼬? 웬 칼이 두 자루나? … 일본도다. 미야모또 무사시의 이도류? 일본 만화를 꽤 보더니만 일본에 가고 싶은가 보다 …. 그 밑에 '여행하고 싶다'라고 써 놓았다.

오른 쪽 미니 룸은 새로 단장했다. 수영장이 있고 개 한 마리 수영 중이다. 음 … 압박감이 엄습한다. 강아지 키우자고 노래를 부르더니만 홈피에 한 마리 들여 놓았다. 그 옆에 웬 일본식 목조 목욕통? 자신은 목욕통 안에서 수건을 머리에 썼다. 끙~ 또 다시 압박감.

헉 … 개가 한 마리 더 있네. 옆에서 뛰어 놀고 있다. 그 오른쪽엔 플레이스테이션 게임기가 있고 기타와 앰프도 있다. 짜식~ 기타에 관심 없다고 하더니만 형이 치는 걸 보고 배우고 싶은 모양이다. 엉? 그런데 홈피 위에 "pain이 느껴지는군"이라고 적혀 있다. 다이어리 탭을 클릭해 보았다. 업데이트가 되어 있지는 않다. 뭘까? 왜 pain이라고 썼지? 은근슬쩍 물어봐야겠다. 사진도 업데이트되어 있지 않다. 그럼, 홈피 스킨만 바꾸었네 …. 도토리는 어디서 났을까?

난 컴퓨터를 끄고 위로 올라갔다. 아내는 〈신불사〉라는 드라마를 인터넷으로 보고 있었다. 〈신이라 불리운 사나이〉라는 박봉성 원작만화의 드라마다. 오래 전에 본 만화다. 재미있는 스토리지만 만화가 가지는 과장된 표현과 긴박감을 TV드라마로 얼마나 표현 가능할까 의문이다. 무엇보다 주인공 머리 스타일이 걸작이다.

● 지난 달부터 정한 취침시간과 인터넷 사용을 절제한다는 약속을 지키기 위해 우리 가족은 저녁 식사 후, 한 시간을 꼭 함께 보내고 있다. 그 결단이 서서히 효과를 발휘하기 시작했다. 그 누구보다 내가 가장 힘들었지만, 내가 지하방에서 나오니 모든 것이 자연스럽게 자리를 잡아갔다.
그래, 모든 것은 나로부터 시작된다.

작은 녀석의 방을 급습했다. 오~ 책을 읽고 있었다 …. 만화책!! 하도 많이 봐서 너덜너덜해진 것을 또 테이프로 붙였다. 캐나다에서 한국 만화는 금값이다. 그래서 못 구한다. 보고 또 보는 수밖에 없다.

그레코로만형으로 녀석을 안아 침대 위에 뒹굴었다

"만화 좀 그만 봐라~ 응? 응?"

나의 목조르기에 악~ 하며 항복한다.

침대에 앉혀 오늘 외우기로 한 English Smart 단원을 점검했다. 난 몇 번이나 올라오려는 알밤 주먹을 가까스로 다스리며 최대한 부드럽게 강조하며, 가르쳤다.

"일단 외워 …! 영어에 왕도는 없다. 머릿속에 일단 들어간 양만큼 입으로 나온다. 문장 단락을 통째로 외워~"

무식한 방법 같지만 이것이 정말 영어공부의 왕도라고 나는 믿는다. 정철도, 이보영도, 문단열도 모두 처음에는 무조건 외운 사람들이다.

"유빈아~"

아내가 큰 놈을 부른다. 이내 둘째도 부른다.

"지후야~"

ㅇ.ㅇ 웬지 불안하다 …. 아니나 다를까, 나도 부른다.

"여봉~"

"왜?"

"밥 해야지?"

…

…

그날 밤 세 남자는 밥하고 설거지까지 다 했다.

식사 후, 우리는 다 같이 유빈이의 페이스북을 방문하여 친구들이 올린 사진과 동영상을 보았다. 에쉴리가 올린 사진들에 아들의 모습이 가장 많이 찍혀 있었다. 에쉴리는 유빈이와 같이 드림라인 활동을 하는 아이다. 착하고 씩씩한, 그리고 예쁜 녀석이다. 그런데 남자친구가 이미 있단다. 아들과는 스스럼 없는 친구 사이. 둘 다 '왕'수다이기에 이번 동계 올림픽 공연기간 동안 내내 붙어 다니며 떠든 모습이 사진 곳곳마다 여실히 드러나 있다.

웃고 떠들다 어느새 10시가 되어 버렸다.

"기도하고 자야지?"

지난 달부터 정한 취침시간과 인터넷 사용을 절제한다는 약속을 지키기 위해 우리 가족은 저녁 식사 후, 한 시간을 꼭 함께 보내고 있다. 그 결단이 서서히 효과를 발휘하기 시작했다. 그 누구보다 내가 가장 힘들었지만, 내가 지하방에서 나오니 모든 것이 자연스럽게 자리를 잡아갔다.

그래, 모든 것은 나로부터 시작된다.

이 단순한 진리는 언제나 힘을 발휘한다.

주 • note •

1. 디지털 원주민(Digital Native): 미국의 교육학자인 마크 프렌스키가 컴퓨터와 인터넷 문화에 익숙한 신세대를 가리켜 명명한 것에서부터 유래했다. 여기서는 인터넷과 IT 기기들에 익숙한 사람들 전체를 포함해 지칭한다.
2. Operating System의 줄임말. 컴퓨터를 구동시키고 운영하는 주된 운영체제를 일컫는 말이다.
3. Format: 컴퓨터의 주된 저장장치(하드 디스크, Hard Disk)를 초기화하여 깨끗하게 만드는 작업이다. 이 작업을 하면 컴퓨터의 하드 디스크의 기존 데이터가 모두 지워지지만 다시 운영체제를 설치하고 사용하면 이전의 컴퓨터 성능 문제를 나름 쉽게 해결할 수 있다.
4. 두 개의 모니터로 화면을 분리해서 보는 방식
5. 컴퓨터의 두뇌에 해당하는 중앙처리장치(Central Processing Unit). 아톰 CPU는 인텔이라는 CPU 제조회사에서 만들었다.
6. CPU 안에 들어가 있는 연산처리 코어(Core)의 숫자에 따라 구분 짓는 방식으로, 많을수록 좋다.
7. 여러 가지 일(task)을 동시에 수행하는 방식. 주로 컴퓨터 전산 처리에 쓰이는 용어인데 일반적으로도 한꺼번에 많은 일들을 신경 써서 동시에 하는 의미로 많이 통용된다.
8. 개리 스몰, 지지 보건, 「아이브레인」(지와 사랑, 2010), p. 84.
9. 컴퓨터가 부팅되면서 실행되는 모든 프로그램들의 주소와 같은 것. 등록된 위치에 따라 모든 프로그램이 돌아가기 때문에 어지럽게 분산되어 있으면 컴퓨터 성능이 저하된다.
10. 전원이 들어온 후 컴퓨터가 시동되면서 자동으로 시행하는 초기 프로그램들.
11. 초고속 무선랜 포럼, 「초보자를 위한 무선랜 길라잡이」(2004), p. 26.

12. 조선일보, "방에는 썩은 분유 … 신생아 딸 굶겨 죽인 게임중독 부부" (2010. 3. 3).
13. 조선일보, "CNN, 초경쟁사회 스트레스가 한국 인터넷 중독 원인" (2010. 3. 28).
14. 개리 스몰, 지지 보건, 「아이브레인」(지와 사랑, 2010).
15. 힐러리 브랜든 & 아드리엔느 채플린, 「예술과 영혼」(IVP, 2004), p. 210 재인용.
16. 조선일보, "〔글과 담 쌓은 세대〕 글자는 겨우 읽지만 문장은 이해 못한다" (2010.11.1).
17. 윌리엄 깁슨, 「뉴로맨서」 3장 중에서
18. The New York Times, November 18th, 2007.
19. 조선일보, "CNN, 초경쟁사회 스트레스가 한국 인터넷 중독 원인" (2010. 3. 28).
20. 조선일보, "인터넷 중독된 뇌 상태, 마약 중독자와 비슷해진다" (2010. 3. 24).
21. 개리 스몰, 지지 보건, 「아이브레인」(지와 사랑, 2010), p. 88.
22. Ibid.
23. 조선일보, "가장 늦게 가장 적게 자는 한국 아이들" (2009. 9. 29).
24. 조선일보, "종교 지도자 자살예방 대국민 성명발표" (2010. 3. 24).
25. 주간조선 특집, "자살 1위국. 핵심은 40~50대 남성" (2009. 12. 21).
26. 조선일보, "만물상 게임 중독" (2010. 2. 18. 인터넷판).
27. 일반적으로 전자오락실에서 하는 업소용 게임을 일컫는 말이다. 지금은 꼭 그것에 한정 지워 말하지는 않는다. 아케이드(arcade)의 뜻은 아치가 죽 이어진 회랑(回廊)이며, 이것은 양쪽에 상점들이 늘어서 둘러싸인 통로라는 뜻에서 비롯되었다. 즉 게임기기가 죽 늘어선 오락실에서 하는 게임들을 연상하면 된다.
28. 한국정보화진흥원, 「국가정보화백서」(2009), p. 98.
29. BBC News, Oct. 10, 2005.
30. Russia Today, Jan 17, 2008.

31. 조선일보, "인터넷 중독된 뇌 상태, 마약 중독자와 비슷해진다"(2010. 3. 24).
32. 자신의 생각에 대해 비판적 사고를 하고, 한 차원 높게 자신을 객관적으로 바라보는 능력. '한 단계 고차원'을 의미하는 메타(meta)와 어떤 사실을 안다는 뜻의 인지(recognition)를 합친 용어.
33. 조선일보, "〔글과 담 쌓은 세대〕 전문가들 '활자 멀리하면 충동적인 행동하게 돼'"(2010. 11. 1).
34. 문화일보, "신종 '생활형' 중독-당신도 예외 아니다. 인터넷게임 · 홈쇼핑 24시간 '온라인 유혹'"(2006. 2. 8).
35. 일간스포츠, "게임 '문명5'에 빠지면 대인관계를 끊는다? 왜?"(2010. 10. 4).
36. ZDnet Korea, "손 대기만 하면 이혼까지? … 마성 가진 게임들"(2010. 10. 5).
37. 의학정보, 서울대학교 병원 제공(출처: 네이버).
38. 개리 스몰, 지지 보건, 「아이브레인」(지와 사랑, 2010), p. 108.
39. Ibid.
40. Ibid, pp. 65~70.
41. 온라인 탈억제 효과(online disinhibition effect): 실제 상황보다 인터넷에서 사람들이 스스로를 잘 억제하지 못하고 공격적이며 분노를 쉽게 표출하는 현상.
42. 연합뉴스, "'대소변 못 가린다' 2살 아들 때려 숨지게 해"(2010. 12. 21).
43. 조선닷컴, "사건 · 사고 잠원동 피살사건은 게임 중독 20대의 묻지마 살인"(2010. 12. 17).
44. 부산 CBS, "게임 중독 중학생, 어머니 살해 후 자살"(2010. 11. 16).
45. David N. Greenfield, *Virtual Addiction*(New Harbinger Publication, Inc.1999), pp. 108~113.
46. 개리 스몰, 지지 보건, 「아이브레인」(지와 사랑, 2010), pp. 38~40.
47. 서울신문, "10대 소녀, 문자메시지 많이 쓰다 수술까지…"(2010. 3. 23. 인터넷기사).

48. 한국정보화진흥원, 「국가정보화백서」(2009), p. 102.
49. 이데일리, "페이스북, 국내 진출. 한국법인 설립 준비"(2010. 10. 27).
50. 매일경제, "세계의 부자 '페이스북 창시자' 마크 주커버그 CEO"(2010. 10. 28).
51. 서울신문, "[Doctor & Disease] 사는 기쁨 신경정신과 김현수 원장" (2005. 5. 30).
52. Ibid.
53. 조선일보, "온라인 쇼핑중독"(2010. 3. 23).
54. Ibid.
55. 한국정보화진흥원(NIA), 「국가정보화백서」(2009), p. 202.
56. Ibid, p. 441 통계도표.
57. Ibid, p. 165.
58. 세계일보 2007년 8월 7일자 사회 · 경제 기사(인터넷판).
59. 주간조선 1769호, "[건강] 쇼핑 중독도 정신병"(2003. 9. 4).
60. 문화일보, "신종 '생활형' 중독-당신도 예외 아니다"(2006. 2. 7).
61. 연합뉴스, "인터넷 아동 포르노 급증, 내용도 극도로 흉악"(2007. 4. 17).
62. 세계일보, "'야동' 하루 1000건씩 쏟아진다"(2008. 1. 23).
63. 중앙일보, "알몸 봐도 무덤덤, 십대 야한 셀카 늘어 걱정"(2009. 8. 11).
64. 동아일보, "청소년 포르노물 온라인 무차별 유포, 누가? 왜?"(2010. 9. 27).
65. 국민일보 "[IT 한국 다시 뛰자-(4)(下)음란물 천국] e-음란의 바다 … 청소년 안전지대가 없다"(2004. 9. 19).
66. Ibid.
67. 조선일보, "아동 음란물 보유 파일공유 사이트업자 등 5명 덜미"(2010. 9. 30).
68. 글렌 레이놀즈, 「다윗의 군대, 세상을 정복하다」(베이스캠프미디어, 2008), p. 185.
69. 힐러리 브랜든 & 아드리엔느 채플린, 「예술과 영혼」(IVP), p. 26.
70. 제람 바즈, 「현대문화 속의 전도」(예영커뮤니케이션, 1996).

71. Sandberg, Anders. "Anime Dreams", *Reason* 36, no.1(May 2004), pp. 57~63.
72. Barrie Sherman and Phil Judkins, *Glimpses of Heave, Visions of Hell: Virtual Reality and its Implications*(London: Hoddderand Stoughton), p. 134.
73. 연합뉴스, "남편이 사이버 부인을 두고 이중 결혼생활을 한다면?"(2007. 8. 11).
74. 손명신, 「사이버 펑크소설의 윤리성」(경희대학교, 2003. 2.), pp. 29~31.
75. 조선일보, "저소득층 컴퓨터 지원했더니 되레 성적 떨어져"(2010. 9. 25).
76. Infra: Infrastructure의 줄임말로 경제활동을 위한 사회기간 시설을 의미한다. 도로, 항만, 철도, 공항 등과 같은 사회간접 자본들이다. 여기서는 통신망구구축을 위한 시설들을 의미한다.
77. 한국정보화진흥원, 「국가정보화백서」(2009), p. 241.
78. 라우터(router)란 네트워크에서 데이터를 전송하는 가장 기본적인 통신단말기다. 일반 가정에서는 모뎀에서 나온 신호를 받아 각 컴퓨터로 인터넷을 연결해 주는 공유기를 생각하면 된다.
79. Web: 거미줄이란 뜻의 영어. 네트워크에서는 방대하게 서로 얽혀서 연결된 인터넷망 자체 혹은 그 서비스망을 일컫는다.
80. 개리 스몰, 지지 보건, 「아이브레인」(지와 사랑, 2010). pp. 271~274.
81. 동아일보, "스마트폰이 '생각'까지 읽게 된다"(2010. 10. 6).
82. 컴퓨터가 처리하는 정보의 기본 단위. 예컨대 한글 문자 하나는 2개의 바이트로 표현된다.
83. 서정민, 「윌리엄 깁슨의 '뉴로맨서' 연구」(중앙대학교, 2002. 6), p. 3.
84. 주간조선, 2005. 7. 19 영국 〈가디언〉지의 2005. 5. 22. 기사 인용.
85. Ibid, p. 29.
86. Ibid, p. 17.
87. 손명신, 「사이버 펑크소설의 윤리성」(경희대학교, 2003. 2), p. 36.
88. Ibid, p. 45.
89. Makoto Yukimura, 「프라네테스」(vol. 3), pp. 26~29.

90. Wall Street Journal, "Your Apps are watching You" (2010.12.18~19).
91. 조선일보, "도둑님 다 보이거든요, CCTV 300만 시대 …" (2011. 3. 5).
92. 한국정보화진흥원, 「국가정보화백서」(2009), p. 95.
93. 손명신, 「사이버 펑크소설의 윤리성」(2003, 2.)에서 재인용.
94. Ibid.
95. Jean Baudrillard, *Simulation, trans Paul Foss, Paul Patton and Philip Beitchman*(NewYork: Semiotext(e), 1983).
96. 힐러리 브랜드 & 아드리엔느 채플린, 「예술과 영혼」(IVP, 2004), p. 34.
97. Ibid.
98. Ibid. p. 32.
99. 손명신, 「사이버 펑크소설의 윤리성」(경희대학교, 2003. 2).
100. Ibid.
101. 개리 스몰, 지지 보건, 「아이브레인」(지와 사랑, 2010), pp. 88~91.
102. 조선일보, "한국 가정 인터넷 없이 1주일 살아 보니" (2010. 3. 14).
103. 조선일보, "'얘야 밥은 먹고 다니니' 트위터에 엄마가 있다" (2010. 10. 22).
104. 서정민, 「윌리엄 깁슨의 '뉴로맨서' 연구」(2002. 6), p. 36.
105. Ibid. p. 33.
106. 손명신, 「사이버펑크 소설의 윤리성」(경희대학교, 2003, 2).
107. 헤럴드 경제신문, "'오빠' … 직장인 홀리는 '아이폰 와이프'" (2011. 2. 19).
108. 조선일보, "인터넷 중독된 뇌 상태 마약 중독자와 비슷해진다" (2010. 3. 24).
109. 개리 스몰, 지지 보건, 「아이브레인」(지와 사랑, 2010), pp. 147~150.
110. Ibid, pp. 147.
111. 손명신, 「사이버 펑크소설의 윤리성」(2003, 2).
112. Ibid.
113. 황동규, 「나는 바퀴를 보면 굴리고 싶어진다」(문학과 지성사 1986),
114. 이누카이 미치코, 「성서이야기」 3권, pp. 120~127.

DEW와 기학연이 통합하여 (사)기독교세계관학술동역회가 되었습니다

●

21세기는 바른 성경적 가치관 위에 실천적 삶을 살아가는
그리스도의 제자를 필요로 합니다!

■ 사단법인 기독교세계관학술동역회

80년대부터 기독교 세계관적인 삶과 학문을 위한 사역을 해오던 DEW사.기독학술교육동역회와 기학연기독교학문연구소이 2009년 5월 통합하였습니다. 통합과 함께 기존 사단법인의 명칭을 "사단법인 기독교세계관학술동역회"이하 기학연동역회로 변경하였습니다. 기학연동역회는 통합으로 인한 시너지 효과를 가지고 두 단체의 기존의 사역을 심화 확장시키게 될 것입니다.

● 세계관 운동

삶과 학문의 모든 영역에서 예수 그리스도가 주인이심을 고백하고, 하나님의 말씀대로 생각하고 적용하며 살도록 돕기 위한 많은 연구 자료와 다양한 방식의 강의 패키지들을 준비하고 있습니다. 특히 삶의 각 영역에서 만날 수 있는 문제들에 대한 대안을 찾을 수 있도록 세계관 기초 훈련, 집중 훈련 및 다양한 강좌들을 비롯하여 〈소명 캠프〉, 〈돈 걱정 없는 인생 살기〉 등 캠프와 세미나가 준비되어 있습니다.

기독미디어아카데미_ 지성과 영성을 겸비한 기독언론인 양성을 위한 전문인 양성 과정을 개설하고 있습니다.

● 기독교학문연구회

학술대회_ 두 단체의 통합으로 명실공히 기독교의 대표적인 학회로서 기독교적 이념에 입각한 학문 연구를 심화, 활성화 시키는 것을 목표로, 매년 1~2회 학술대회를 개최합니다.

학 술 지_ 〈신앙과 학문〉 : 학술진흥재단 등재지로서 연구 성과를 인정받을 수 있습니다.
〈통합연구〉 : 주제별 특집으로, 시대의 이슈에 대한 기독교적인 조망을 합니다.

● VIEW 밴쿠버기독교세계관대학원

VIEW는 1998년 11월 캐나다 밴쿠버의 Trinity Western University(TWU), 캐나다 연합신학대학원(ACTS)과 공동으로 기독교세계관대학원 프로그램을 개설하기로 합의하고 1999년 7월부터 정식 강의를 시작했습니다. 기독교 세계관 석사(MACS) 과정과 기독교 세계관 준석사(Diploma) 과정을 운영하고 있으며, 2006년부터는 VIEW국제센터에서 다양한 연수 프로그램(교사 창조론, 지도자세계관 학교, 청소년 캠프)을 개최하고 있습니다.

● 도서출판 CUP

"물이 바다를 덮음 같이 여호와의 영광을 인정하는 것이 세상에 가득"한 그날을 꿈꾸며, 예수님이 주인 되시는 삶과 문화를 비전으로 출판하고 있습니다.

(☎.02)745-7231 | cup21th@paran.com)

■ 소식지 및 웹진_ 격월간으로 사회의 이슈 및 삶의 적용, 동역회 소식, 모임 안내 등 다양한 읽을거리를 제공하는 소식지 〈DEW · 온전한 지성〉을 발간하고 있으며, 보다 긴밀한 소식을 위해 웹진을 보내드리고 있습니다. 웹진은 신청하시면 누구나 보내 드립니다.

■ 동역회에 가입하시면 당신의 삶과 학문의 전 분야에서 하나님의 주권과 그 영광을 확인하고 회복하는 일에 동참하실 수 있습니다. 후원회원이 되시면 연 4회 출판되는 학술지 〈신앙과 학문〉, 격월로 발행되는 소식지 〈DEW · 온전한 지성〉, 연1회 CUP의 신간을 받아 보실 수 있으며 홈페이지에서는 다양한 강좌와 자료들을 통해 기독교 세계관적 관점을 정립하실 수 있습니다.

■ 동역회 사역에 대한 더 자세한 정보를 원하시면
(140-909) 서울특별시 용산구 이촌2동 212-4 한강르네상스빌 A동 402호
사무국(☎. 02-754-8004)으로 연락 주시면 친절히 안내해 드립니다.
E-mail_ info@worldview.or.kr
Homepage_ www.worldview.or.kr

■ CUP는 사)기독교세계관학술동역회의 출판부입니다. CUP는 다음 분들이 돕고 있습니다.

출판국장_ 유정칠(경희대 교수)

출판위원_ 김건주(출판기획자, 전 국제제자훈련원 출판디렉터), 김승태(예영커뮤니케이션 대표), 오형국(성서유니온 총무), 최태연(백석대 교수)